AF355711

BIBLIOTHÈQUE DES ENFANTS.

PETIT

COURS D'HISTOIRE NATURELLE

EN HUIT PARTIES.

Vᵉ PARTIE.

LES INSECTES.

BIBLIOTHÈQUE DES ENFANTS.

Collection de jolis Ouvrages pour l'Enfance et la Jeunesse.

Par Mesdames GUIZOT, TASTU, ULLIAC-TRÉMADEURE, L. BERNARD, E. VOÏART, WALDORD, Miss EDGEWORTH, BERQUIN, SCHMIDT, etc.

40 vol. in-18 sont en vente.

NOTA. Ces jolis volumes sont imprimés avec soin sur beau papier, ornés de jolies vignettes gravées sur acier, d'un titre orné imprimé en couleur, et d'une jolie couverture ornée et gravée sur bois par Porret.

— ∗∞∞∗ —

MADAME GUIZOT.

15 vol. in-18, adoptés par l'Université.

ARMAND, ou le petit Garçon indépendant, suivi d'autres jolis contes, 1 vol. avec vignettes.

AGLAÉ et LÉONTINE, ou les Tracasseries, 1 vol., fig.

CAROLINE, ou l'Effet d'un malheur, 1 vol., fig.

CÉCILE et NANETTE, ou la Voiture versée, 1 vol., fig.

CURÉ DE CHAVIGNAT (le), 1 vol., fig.

ÉDOUARD et EUGÉNIE, ou le Sac brodé et l'Habit neuf, 1 vol., fig

ÉMILIE et LAURETTE, ou la grande Allée des Tuileries, 1 vol., fig.

EUDOXIE, ou l'Orgueil permis, 1 vol., fig.

HISTOIRE D'UN LOUIS D'OR, 1 v., fig.

JULES, ou le jeune Précepteur, 1 v. fig.

MARIE, ou la Fête-Dieu, 1 vol., fig.

LA MÈRE ET LA FILLE, 1 vol., fig.

NADIR, suivi de la bonne Conscience, 1 vol., fig.

LE PAUVRE JOSÉ, 1 vol., fig.

SCARAMOUCHE, suivi du Premier jour de collège, 1 vol., fig.

MADAME M. WALDOR.

4 vol. in-18.

LES PETITS COLLIBERTS, 1 vol., fig.

VICTOR, ou le Bazar des pauvres, 1 vol., fig.

NELLY, ou la Piété filiale, 1 vol., fig.

AUGUSTE, ou le Choix d'un état, 1 vol., fig.

Mlle. ULLIAC-TRÉMADEURE

21 vol. in-18.

LES QUADRUPÈDES, Entretiens familiers sur l'Histoire naturelle, 1 vol. orné de 4 jolies fig., 1838.

LES OISEAUX, etc., 1 v., 4 fig.

LES REPTILES ET LES POISSONS, etc., 1 vol., 4 fig.

LES COQUILLAGES, etc., 1 v., 4 fig.

LES INSECTES, etc., 1 vol., 4 fig.

LES ANIMAUX-PLANTES, 1 vol., 4 fig.

LES VÉGÉTAUX, etc., 1 v., 4 fig.

LES MINÉRAUX, etc., 1 vol., 4 fig.

Ces huit volumes forment un petit *Cours d'Histoire naturelle.*

HISTOIRE DE JEAN-MARIE, ouvrage couronné, 1 vol. avec fig.

MANETTE, ou la Vache noire, conte sur l'Histoire naturelle, 1 v., fig.

JACQUOT, ou la Basse-Cour de ma tante, 1 vol., fig.

PYRAMIDE, ou le Cheval du lancier, 2 vol., fig.

LÉON, ou le jeune Graveur, 1 vol., fig

VALÉRIE, ou la jeune Artiste, 1 v., fig.

PROSPER, ou le jeune Sculpteur, 1 vol., fig.

EMMELINE, ou la jeune Musicienne, 1 vol., fig.

GUSTAVE, ou le petit Jardinier, 1 vol., fig.

ADÈLE, ou la petite Fermière, 1 v., fig.

EUGÈNE, ou le petit Vigneron, 1 v., fig

ADOLPHE, ou le petit Laboureur, 1 vol., fig.

Le Fulgore. — Le Criquet. — La Cigale.

Nid de Termès belliqueux. — Nid de Termès des arbres.

Nid de termes belliqueux. — Nid de termes de [illegible].

BIBLIOTHÈQUE DES ENFANTS
LES INSURGÉS
SAGESSE
OBÉISSANCE
DISCRÉTION
MODESTIE
TRAVAIL
ZÈLE
APPLICATION
PIÉTÉ FILIALE
SENSIBILITÉ
MORALE
VERTU
DIVINE
DIDIER ÉDITEUR
ÉDOUARD MAY.
PORRET.

LES INSECTES.

ENTRETIENS FAMILIERS

SUR

L'HISTOIRE NATURELLE

DES INSECTES.

PAR

Mlle. ULLIAC TRÉMADEURE.

PARIS,
LIBRAIRIE D'ÉDUCATION DE DIDIER,
47, QUAI DES AUGUSTINS.

1838.

IMPRIMERIE DE A. HENRY,
8, rue Gît-le-Cœur.

LES INSECTES.

ENTRETIENS FAMILIERS

SUR

L'HISTOIRE NATURELLE.

CHAPITRE PREMIER.

Les insectes en général. — Métamorphoses. — Les yeux à réseaux. — Armes des insectes. — Leurs ruses.

—

— « Je suis chargée d'une requête auprès de toi, mon ami, dit un soir Madame Derville à son mari ; c'est de te prier de nous dire le nom des insectes, en attendant le jour où tu repren-

dras les entretiens sur l'histoire naturelle qui nous intéressent tous si vivement.

— « Les noms des insectes ! répéta
M. Derville en riant. Ce ne serait pas
petite besogne, car on en compte plus
de soixante mille espèces.

— « Soixante mille espèces ! répété-
rent à leur tour Amédée et sa sœur, et
ils se regardèrent d'un air stupéfait.

— « Tu sais, ma chère amie, ajouta
M. Derville, qu'à mon avis, la science
des noms n'est pas celle par laquelle il
faut commencer, dans l'histoire naturelle surtout.

— « Eh ! bien, mon petit père, s'écria
Cécile, commençons par des histoires,
veux-tu ?

M. DERVILLE. — Mais nous sommes convenus, il me semble, que nous ne reprendrions nos entretiens que la semaine prochaine !

CÉCILE. — Oui, mon père ; c'est-à-dire si Amédée et moi nous n'avions pas mis en ordre nos notes sur les entretiens précédents ; mais c'est fait : tu as vu nos cahiers et tu en es content : n'est-ce pas, mon petit père ? Oh ! je t'en prie, je t'en supplie, recommençons dès ce soir ! »

Amédée joignit ses instances à celles de sa sœur, et M. Derville céda en disant : « Je suis content de vous, mes enfants, il est vrai , et puisque vous désirez si vivement de continuer nos entretiens, continuons.

CÉCILE. — Oh ! quel bonheur ! Mon

père, par quel insecte allons-nous commencer?

M. DERVILLE. — Tous, ma fille, sont presqu'aussi intéressants l'un que l'autre; quelques mots vont vous mettre à même d'en juger. Tous, ou presque tous sont soumis à une métamorphose partielle ou complète; c'est-à-dire que, pour arriver à ressembler à leur père et à leur mère, ils doivent passer par différentes formes qui modifient non seulement l'extérieur, mais aussi l'intérieur. Ainsi, tel insecte éclot dans l'eau, vit dans l'eau plus ou moins longtemps, puis se transforme et vit désormais sur la terre et dans l'air. Vous qui savez que les animaux aquatiques respirent par des *branchies*, vous devez comprendre qu'il s'opère en eux un changement total pour arriver à pouvoir respirer par des *stigmates.*

Amédée. — Et des trachées, n'est-ce pas, mon père ?

M. Derville. — Les branchies de quelques insectes aquatiques correspondent à des trachées ou vaisseaux aériens qui reçoivent l'air dégagé de l'eau par l'effet des branchies ; mais ces trachées n'offrent pas absolument la même structure chez l'insecte tour à tour terrestre et aquatique ; d'où résulte nécessairement un changement complet dans tout l'appareil respiratoire; et quand on songe à l'extrême petitesse de l'insecte chez lequel s'opèrent ces changements, on s'humilie devant le créateur de si grandes merveilles.

AMÉDÉE. — Ainsi, mon père, le sang ne circule pas, à positivement parler, chez les insectes aquatiques ; ce sont les trachées qui lui portent de l'air, comme dans les araignées trachéennes?

M. DERVILLE. — Oui, mon fils ; mais chaque espèce présente dans cette organisation particulière des différences notables. Nous les étudierons attentivement quelque jour ; bornons-nous pour le moment à passer en revue ce qui mérite d'être examiné sérieusement plus tard, et nous trouverons encore, dans ce simple aperçu, bien des sujets d'admiration. Un autre changement extérieur et intérieur très-important, c'est celui que subissent les yeux des insectes ; ils ne sont pas d'abord tous à réseaux.

CÉCILE. — Ah! tu nous en as déjà parlé, mon père, en promettant de nous

expliquer ce que c'est que ces yeux à
réseaux.

M. Derville. — Arrêtons-nous un
instant sur ce que je vous ai dit tout à
l'heure des demi-métamorphoses et des
métamorphoses complètes que subissent les insectes, et retenez les noms
des trois *états* par lesquels passe le même
animal, avant d'arriver à *l'état parfait;*
mes explications en seront plus faciles à
saisir. Le premier état est celui de ver :
en sortant de l'œuf, l'insecte, quel qu'il
soit, a la forme d'un ver; il prend ensuite celle de *larve*, première métamorphose ; ainsi, la chenille est la *larve* qui
sort de la peau du ver contenu dans
l'œuf du papillon... Ne m'interrompez
pas ; vous ferez bientôt les questions qui
vous viennent à l'esprit. Après un temps
quelquefois assez long, la larve se mé-

tamorphose en *nymphe ;* troisième état et seconde métamorphose ; la *chrysalide* est la nymphe de la larve appelée chenille. Vous savez tous les deux que, dans cet état, la chenille, comme emmaillotée d'une peau assez dure, ne bouge pas, ne mange pas. Qui dit *nymphe*, dit, pour presque tous les insectes, immobilité, repos complet, abstinence de toute nourriture solide ou liquide. Pendant que l'insecte demeure ainsi emmailloté, s'opèrent à la fois et le grand changement de forme extérieure, qui va lui donner des pattes, des ailes, à lui que dans son état de larve on a vu ramper ou nager, et le grand changement intérieur qui substituera des stigmates aux branchies, des yeux à réseaux aux yeux lisses.

Cécile. — Mon père, mais la chenille

n'a pas de branchies, elle qui vit sur les arbres?

M. Derville. — Non, sans doute; mais les stigmates à l'aide desquelles elle respire à l'état de chenille, n'occuperont pas la même place quand elle sera passée à *l'état parfait*, celui de papillon. Voilà, vous le voyez, quatre formes bien différentes et trois métamorphoses tellement complètes, qu'il ne reste rien à l'insecte non seulement de son état de ver, le premier de tous, mais de ses goûts comme larve; ainsi, tel insecte qui, à l'état de larve, est *carnassier*, ne se nourrira, à *l'état parfait*, que de végétaux; tel autre qui, à l'état de larve, ne se nourrit que de végétaux, deviendra, à l'état parfait, carnassier.

Madame Derville. — L'esprit de

meure confondu à la seule pensée de transformations si entières s'opérant dans des individus tellement petits qu'il faut le secours du microscope pour les bien voir.

Cécile. — Et les yeux à réseaux, mon petit père?

M. Derville. — On désigne ainsi les yeux des papillons, des mouches de toutes les espèces qui présentent en effet une espèce de réseau à mailles régulières. Ces prétendues mailles sont chacune un œil, muni de tout ce qui compose l'œil, et ayant pour *voisins* d'autres milliers d'yeux également complets.

Cécile. — Des milliers? il y a des milliers d'yeux dans un œil de papillon?

M. DERVILLE. — On en compte seize mille et plus *dans* les deux yeux d'une mouche ordinaire, et près de trente-huit mille *dans* les deux yeux d'un papillon.

CÉCILE. — Ah ! mon Dieu ! et moi qui n'ai pas encore pu voir où sont placés les yeux d'un papillon, tant ils sont petits !

AMÉDÉE. — Moi j'en ai vu ; on les trouve de chaque côté de la tête, tout auprès des antennes, tu sais, Cécile, ces deux longues barbes....

CÉCILE. — Oui, oui, je sais bien ce que c'est que des antennes. Tous les insectes en ont. Il y en a même dont les antennes sont si longues, si longues, qu'on ne conçoit pas comment elles ne s'accrochent point partout. Cela doit bien les embarrasser pour marcher et pour voler, ces espèces de cornes!

M. DERVILLE. — Loin de les embarrasser les antennes servent au contraire à les empêcher de tomber dans quelque piège, à sonder le terrain sur lequel ils courent.

CÉCILE. — Mais, mon père, ils doivent y voir très-clair avec leurs milliers d'yeux; pourquoi donc alors leur avoir donné une chose tout-à-fait inutile?

M. DERVILLE. — Tu sais ma fille, que nous nous sommes promis d'y regarder à deux fois avant que de nous prononcer sur ce qui, au premier aspect, peut nous *paraître inutile.* Que diras-tu donc lorsque tu sauras qu'en outre des yeux à réseaux, quelques in-

sectes ont encore entre les deux antennes, des yeux lisses ou *stemmates?*

MADAME DERVILLE. —Cécile voudra,
j'en suis sûre, bien examiner les insectes, leurs habitudes, leurs travaux ;
alors, seulement, elle verra si elle doit
déclarer les yeux lisses aussi *inutiles*
que les antennes, n'est-ce pas ma fille ?

CÉCILE. — Oh ! oui, maman. Mais
c'est vraiment étonnant que tant de choses aient été données à des animaux
aussi petits !

AMÉDÉE. — Moi je trouve leurs métamorphoses bien plus étonnantes encore.
Mon père, ont-ils des dents ?

M. DERVILLE. — Pas positivement,
c'est-à-dire les insectes parvenus à *l'état
parfait.* Ceux qu'on appelle *mâcheurs*

ou *broyeurs*, possèdent des mandibule
d'une substance cornée qui mâchent e
broient fort bien soit les animaux, soi
les végétaux dont ils se nourrissent
les autres ont ou des suçoirs, ou de
trompes, ou des langues, ou des becs
l'aide desquels ils pompent le miel de
fleurs ou le sang des animaux. Chacu
de ces instruments est un petit chef
d'œuvre dans son genre. Il y en a d'en
fermés dans une gaine : d'autres soi
tournés en spirales, d'autres sont divisé
en deux ou trois filets que contient u
étui articulé et pouvant, en quelqu
sorte, se replier sur lui-même.

Madame Derville. — Une cho
m'inquiète, mon ami, c'est de savoi
comment on a pu classer ces infinimen
petits afin de s'y reconnaître, et d'avoi

la possibilité de les étudier *commodément*, par espèce bien déterminée.

M. DERVILLE. — Deux grandes divisions ont d'abord été faites entre les insectes munis d'ailes et ceux qui s'en trouvent dépourvus toute leur vie; puis on a établi des subdivisions ou *ordres* dont les noms ont été composés de deux mots grecs qui expriment le principal caractère des animaux de cet ordre; ainsi l'on a rangé dans l'ordre des *coléoptères* tous les insectes dont les ailes, quand ils les replient, se trouvent renfermées dans des *élytres* ou étuis; tels que le hanneton, la coccinelle ou petite poule du bon Dieu.

AMÉDÉE. — Mon père, si tu voulais avoir la bonté de me dire les deux mots grecs?

M. DERVILLE. — Le premier, *koleos*, signifie *étui* ; le second vient de *ptéron* qui signifie *ailes*. Les ordres une fois déterminés par la forme ou le caractère particulier des ailes, ont été subdivisés en *familles* par la forme des antennes qui présentent quelquefois l'aspect d'une paire de cornes terminées en pointes à leur extrémité, ou munie de boutons plus ou moins allongés ; enfin, le nombre des articles au *tarse*, espèce de doigt unique qui termine la patte et se trouve composé de un à cinq articles ou phalanges, est un des *caractères* qui a servi le mieux à la classification des soixante mille espèces d'insectes.

CÉCILE. — Mon père, il est impossible de vérifier tout cela par soi-même ?

M. DERVILLE *en riant*. — C'est une

besogne dont aucun de nous, grâces au Ciel, ne sera jamais chargé. Mais ce que nous pouvons faire, quand nous aurons un microscope, ce sera d'examiner le dernier article du tarse de quelques espèces d'insectes. Nous en trouverons dont le tarse est armé de deux ou de quatre crochets déliés, mais forts : d'autres, nous présenteront une masse de poils courts et touffus qui aident merveilleusement l'insecte à se soutenir sur des corps que nous jugeons parfaitement polis, parce que nous ne les examinons point au microscope.

CÉCILE. — Comme les mouches au plafond, sur les vitres et sur les glaces, n'est-ce pas, mon père ?

AMÉDÉE. — Mais, mon père, dans tout cela, je ne vois pas que les insectes soient armés, comme je l'ai entendu dire

M. DERVILLE. — Quand tu les exa
mineras, tu reconnaîtras qu'ils le so
de pied en cap. Les uns se présentero
couverts de leur cuirasse qui envelopp
le corselet, et qu'on appelle *écusse*
de leurs élytres fermés par dessus leu
ailes repliées ; les autres te montrero
les touffes de crin rude dont il sont h
rissés ; d'autres encore leurs redoutabl
épines ; voilà les armes défensives ; l
armes offensives, ce sont les mandibul
si terribles chez la plupart, parce qu
creuses comme les crochets venimeu
des serpents, elles laissent de mêm
couler dans la blessure qu'elles ont fail
un poison qui glace et engourdit la vic
time ; des pinces, des cornes, des cro
chets venimeux complétent *l'arsen*
dont la nature les a pourvus. Pour

fuite ils ont des ailes : quelques-uns d'entre eux possèdent encore, dans les ressorts dont leurs pattes de derrière sont armées, le moyen de faire des sauts prodigieux ; d'autres filent rapidement en se laissant tomber d'une grande hauteur, et, par le secours de ce fil, arrivent si promptement à terre, qu'ils échappent soudain à leur ennemi.

CÉCILE. — Les chenilles font ainsi ; je le sais, car, ce matin encore, il m'en est tombé sur le nez une qui venait du gros tilleul.

AMÉDÉE. — Les araignées en font autant.

M. DERVILLE. — Ce n'est pas tout ; les ruses de guerre leur sont connues. Quelques-uns contrefont le mort ; ils ramassent leurs pattes, se roulent en boule et demeurent ainsi des heures entières sans donner signe de vie ; ou bien ils étendent au contraire leurs membres et leur donnent assez de raideur pour faire supposer que depuis long-temps, ils n'existent plus ; d'autres couverts de poussière, ou de sable, demeurent immobiles au moindre bruit. Le carabe pétard, au contraire, qui vit caché dans la terre, épouvante l'ennemi en faisant jouer son artillerie. De la partie inférieure de son abdomen s'é-chappe, en détonnant, une vapeur bleuâtre et acide ; presqu'aussitôt tous les carabes des environs répondent au canon d'alarme, et ces bruits souterrains, ces vapeurs bleuâtres s'échappant de la terre crevassée, donnent la représentation, en *miniature*, de l'irruption de plusieurs volcans.

CÉCILE. — Ah ! j'aurais peur !

AMÉDÉE. — Naturellement ! Tu es si poltrone !

M. DERVILLE. — Il est des insectes dont les ruses, ou plutôt le déguisement, n'a rien de bien tentant. Tel est, par exemple, le criocère du lis, petit scarabé d'un si beau rouge ; il se fait une robe avec ses excréments.

CÉCILE. — Oh ! le vilain !

M. DERVILLE. — Plusieurs insectes ont recours à ce stratagème pour échapper à la vue perçante de leurs ennemis ; ou bien, de même que le cicindèle à cocarde, il font sortir de leur corps une humeur âcre, amère, qui dégoûte les oiseaux, et les oblige de lâcher prise. A l'état de larve, les insectes aquatiques savent aussi contrefaire le mort ; mais, au lieu de se pelotonner ou de se raidir, les larves trouvent le moyen de rendre tout leur corps molasse et flasque ; elles laissent pincer, tirailler leur peau distendue, couverte de boue, et souffrent les piqûres, les déchirures avec un courage vraiment stoïque.

MADAME DERVILLE. — Qui se douterait jamais qu'on peut trouver du stoïcisme dans un insecte privé de tout moyen de défense !

M. DERVILLE. — Oui, de tout moyen de défense, comme tu le dis fort bien, ma chère amie ; car, à l'état de larve, les insectes n'ont point de *cuirasse*, et ils ne possèdent d'autres armes offen-

ves et défensives que leurs mandi-
ules ; mais leur instinct les avertit
u'en se donnant l'apparence d'ani-
aux morts et presque en putréfaction.
s dégoûteront les oiseaux, les poissons
ui ne se nourrissent que de proie vi-
ante.

AMÉDÉE.—Mais, mon père, il y a des
asectes qui se nourrissent de corps
morts ?

CÉCILE. — Veux-tu te taire ! Pourquoi parler de cela ?

M. DERVILLE. — Si tu ne permets
pas que nous parlions de cela, ma fille,
il faut nous résigner à ne point nous
occuper des insectes. La plupart semblent avoir été créés pour aider les oiseaux sarcophages à débarrasser la terre.

non-seulement de ces tristes restes, mais aussi des excréments des animaux.

CÉCILE. — Ah! qu'elle devient sale l'histoire des insectes!

M. DERVILLE. — Je comprendrais et je pardonnerais tes répugnances si elles étaient fondées sur quelque chose de raisonnable ; mais comme il n'en est rien, je te répéterai ce que déjà je t'ai dit à propos des reptiles, qu'il n'est pas d'animal si repoussant, si dégoûtant qu'il puisse paraître, qui n'offre quelque chose d'intéressant à étudier soit en lui-même, soit à cause des rapports existants entre lui et le besoin que l'homme si dédaigneux, si orgueilleux surtout, peut avoir de ses services.

AMÉDÉE. — A propos de cela, mon

père, il y a une chose que je ne peux pas comprendre, c'est que des quantités d'insectes paraissent sortir de terre dès qu'il se trouve quelque chose.... qui leur convient. Je me suis amusé à faire attention à cela depuis quelques jours. Il y en a donc des quantités partout ?

M. Derville. — Sans aucun doute. Les insectes abondent en tout lieu; les arbrisseaux, les plantes, la terre, l'écorce des arbres, l'eau, la mousse, le sable, les animaux vivants, les animaux morts ont les leurs. Mais leur unique occupation étant de se nourrir et de trouver un *nid* pour y déposer leurs œufs, le Souverain dispensateur de toute chose a dû leur donner l'un des organes les plus nécessaires à la découverte de la proie qu'ils sacrifieront soit à leur voracité, soit aux besoins de leur postérité à venir ; j'entends par là l'*odorat* développé au plus haut degré.

CÉCILE. — Mon père, ils ont donc un nez ?

M. DERVILLE. — M. Duméril, l'un des savants distingués dont s'honore la France, a été un des premiers à faire remarquer la folie de chercher, chez les insectes, les instruments de l'odorat au même lieu où ils sont placés chez l'homme, les mammifères, les oiseaux, les reptiles. Voici ce qu'il dit à ce sujet ; écoutez-moi avec attention et tirez vous-même la conséquence de ses paroles : « Les mammifères, les oiseaux, « les reptiles sont organisés comme « l'homme sous le rapport de l'oléfac- « tion (c'est-à-dire de l'odorat). Cela de- « vait être, puisque tous respirent *par*

« *des poumons*, et que l'air qui pénètre
« dans leur corps, pour cet usage, n'y
« peut parvenir que par une seule route,
« qui est la double entrée des narines... »

CÉCILE. — Et la bouche.

AMÉDÉE. — Tais-toi donc, ma sœur !

M. DERVILLE. — Écoutez bien ceci,
tous les deux : « C'est sur ce passage
« forcé et à l'orifice même, c'est-à-dire
« à l'entrée, que l'essai de la qualité de
« cet air doit être fait, pour que l'ani-
« mal soit averti du danger de l'admet-
« tre, et de la nécessité de le repousser. »
Eh bien ! que concluez-vous de ce que
vous venez d'entendre ?

CÉCILE *étourdiment*. — Je ne sais
pas, mon père.

Amédée *après un moment de réflexion.* — Je ne vois pas trop où M. Duméril en veut venir.

M. Derville *à sa femme.* — Et toi, ma chère amie?

Madame Derville. — N'est-ce point par les stigmates que les insectes respirent?

— « Ah! j'y suis! s'écria Cécile en sautant de joie.

Amédée. — Et dire que je n'y aie pas songé tout d'abord!

M. Derville. — Si tu m'avais écouté avec plus d'attention, tu te serais trouvé mis sur la voie par M. Duméril, qui n'y a été mis, lui, que par ses propres observations, aidées d'une grande justesse de raisonnement. Ceci, mes enfants, n'est pas prouvé et n'est pas positivement admis dans la science, mais c'est on ne peut plus probable.

CÉCILE. — Oui, certainement!

M. DERVILLE. — On [est allé jusqu'à dire que les insectes devaient alors percevoir les odeurs par le corps entier; voilà qui est peut-être outré. Si, en effet, ils les perçoivent par les stigmates, comme tout porte à le croire, il est probable que, passé les membranes disposées, sans nul doute, pour recevoir l'impression des odeurs, les odeurs deviennent insensibles aux trachées, comme elles le sont, en qualité d'odeurs et non pas d'air plus ou moins vicié, à nos poumons; mais, en même temps, il est également probable que le nombre sou_ vent assez grand des stigmates rend la perception des odeurs plus vive, plus prompte, et ainsi est expliquée la promptitude avec laquelle le nécrophore fossoyeur, par exemple, est averti qu'à vingt pas, qu'à cent pas de là, peut-être, se trouve une taupe, une souris, morte à enterrer; comment la chenille, transportée sur une plante, sur un arbre qui ne lui convient pas, sait retourner sur ses pas, ou bien découvrir ailleurs l'arbre, la plante dont le feuillage seul peut la faire vivre ; ceci explique aussi comment la fiente d'un animal attire à l'instant, pour ainsi dire, les bousiers, les sphéridies, les escarbots, les staphylins, les mouches qui se mettent aussitôt à travailler à leur manière, et parviennent à faire disparaître complétement ces causes de dégoût et de miasmes souvent malfaisants.

MADAME DERVILLE *à Cécile*. — Commences-tu à *pardonner* ces détails de l'histoire des insectes ?

CÉCILE. — Maman, je comprends que cette fois, comme toujours, mon père a raison, et qu'il faut savoir surmonter ses répugnances pour apprendre des choses.... très.... extraordinaires au moins. Mais j'aimerais mieux, pourtant, l'histoire des papillons et des jolies demoiselles au corps bleu brillant et aux ailes de gaze que nous avons vues, l'autre jour, voltiger au-dessus du ruisseau.

M. DERVILLE. — Leur tour viendra. Je ne vous *impose* pas la *science*, mes enfants : mais il est cependant nécessaire de suivre dans nos entretiens une sorte de méthode. Nous commencerons donc par nous occuper des coléoptères, en négligeant pour le moment quelques insectes sur lesquels nous reviendrons quand nous serons mieux en état de bien comprendre quelques-unes des merveilles de l'organisation. Vous voyez que la connaissance, quoique superficielle, des différents appareils respiratoires, nous a servi à reconnaître le prix de la découverte faite par M. Duméril.

CÉCILE.—Oh! oui! Sans cela je n'aurais rien compris du tout à ce qu'il a dit des insectes qui flairent par les stigmates...

AMÉDÉE. — Il me semble que sans maman tu n'y aurais rien compris du tout, même en sachant ce que tu sais au sujet des stigmates et des trachées!

Cécile. — Ni toi non plus, monsieur mon frère !

Amédée. — Tu ne m'as pas donné le temps de penser ! Tu es toujours si pressée de répondre, que je me dépêche aussi.

M. Derville. — Allons, pas de querelle. Vous avez tort tous les deux ; Cécile en répondant toujours à l'étourdie, toi, mon fils, en ne voulant pas te laisser devancer par elle. L'impatience de l'une et l'empressement de l'autre, ne sont au fond qu'un égal amour-propre, et non pas l'émulation dont je voudrais vous voir tous les deux animés. Notez cela sur vos tablettes, si vous m'en croyez. Vous pourrez vous servir un jour de cette observation, quand nous nous occuperons d'étudier l'homme sous le double rapport de l'organisation physique et de l'organisation intellectuelle. »

Cécile, un peu déconcertée, regardait son frère en dessous; il paraissait aussi embarrassé qu'elle; tous deux, d'un mutuel accord, se tendirent la main et s'embrassèrent, comme doivent toujours s'embrasser un frère et une sœur qui s'aiment.

CHAPITRE

Le hanneton. — La coccinelle — Les libellules —
L'hydrophile. — Le ver luisant. — Le porte-
lanterne — L'oiseau du Bengale.

Le lendemain soir, Cécile, d'un air de
triomphe, posa sur la table une petite
boîte de carton qu'elle avait travaillé à
remplir le matin même de tout ce qu'elle
avait pu recueillir de scarabées.

— » Je n'ai pas osé la rouvrir de
toute la journée, dit-elle à son père,
parce que j'ai eu peur de les voir s'en-
voler, comme cela m'était arrivé déjà

pour quelques-uns ; il y en a de gros, de petits, de verts, de rouges, de noirs, de bleus plus jolis les uns que les autres. J'en donnerai la moitié à mon frère, parce qu'il n'a pas eu le temps d'en ramasser...

— « La moitié de quoi ? demanda M. Derville, qui venait d'ouvrir la boîte ; il n'y avait trouvé que des débris d'élitres, de pattes et d'ailes.

— « Ah ! mon Dieu ! s'écria Cécile stupéfaite ; il sont tous partis !... Mais par où ? La boîte était si bien fermée !

M. DERVILLE. — Ils ne sont point *partis*, mon enfant ; ils se sont livrés bataille, et le seul qui ait survécu et que voici attaché au couvercle, est en fort mauvais état lui-même, quoique vainqueur de tous à ce qu'il parait. C'est un bupreste... Voici des restes de taupins, en voici d'autres de coccinelles.

AMÉDÉE. — Mais, mon père, on devrait trouver aussi des morts ?

M. DERVILLE. — Il y avait apparemment au nombre des *prisonniers* faits par Cécile, quelque carnassier ; elle a mis ainsi le loup dans la bergerie ; on se sera battu, puis dévoré l'un l'autre.

CÉCILE. — Ah ! que j'en suis donc fâchée ! J'avais trouvé de si jolies petites poules du bon Dieu !...

M. DERVILLE. — Tu en chercheras d'autres, mon enfant ; mais désormais tu aura la prudence de ne pas renfermer ensemble plusieurs espèces d'insectes. Il en est quelques-unes, le carabe, par exemple, qui s'entredévorent, et comme tu es fort loin encore de pouvoir les distinguer entre elles, je t'engage à attendre quelque temps avant que de commencer une collection pour laquelle je te donnerai bien volontiers mes conseils. Ce qui doit surtout nous occuper maintenant, ce sont les travaux auxquels les insectes sont soumis à l'état de larve, et la manière dont s'opèrent leurs différentes métamorphoses ; ceci, je vous le raconterai, et quand vous serez devenus plus raisonnables, et par conséquent plus observateurs, vous pourrez vérifier, par vous-même, ce que les savants, qui se sont occupés toute leur vie d'histoire naturelle, ont *vu* plus d'une fois avant que d'*oser* affirmer que les choses se passent ainsi. Pour vous intéresser davantage, je vous parlerai d'abord de l'un des coléoptères que vous connaissez de vue et de nom, du hanneton, le *souffre douleur* des enfants.

CÉCILE. — Ah ! Je ne connais rien qui me dégoûte autant que le hanneton!

AMÉDÉE. — Moi, je les aime beaucoup, et je suis bien fâché quand ils sont rares, comme l'année dernière. par exemple ; mais j'espère que cette année j'en aurai autant que je voudrai, surtout étant à la campagne.

MADAME DERVILLE. — Les cultivateurs les voudraient toujours rares, bien rares.

AMÉDÉE. — Pour quelques feuilles que les hannetons mangent...

M. DERVILLE. — S'ils ne s'attaquaient qu'au feuillage des arbres, mon fils, ce serait déjà une calamité ; mais la larve du hanneton, trop bien connue sous le nom de *ver blanc*, ronge les racines de tous les arbres indistinctement et en fait périr un grand nombre.

Cécile. — Je me rappelle maintenant qu'à notre arrivée ici, le jardinier nous a parlé des vers blancs qui ont été si abondants dans le pays, qu'il y a trois ans presque tous les arbres fruitiers ont péri... Voilà le *mal* qu'ils font tes chers hannetons, Amédée !

Amédée. — Hanneton toi-même ! tu es bien assez étourdie...

M. Derville. — Je suis fort mécontent du ton d'aigreur qui règne presque habituellement entre vous d'eux. Tâchez de ne pas m'obliger de vous le dire plus sévèrement, et d'interrompre des entretiens qui semblent ne servir qu'à vous fournir des occasions nouvelles de vous adressser mutuellement des mots piquants. Si le hanneton, en volant, se heurte presqu'à chaque instant, c'est qu'il y voit peu, de jour surtout ; ainsi le proverbe vulgaire, *étourdi comme un hanneton,* est fondé sur une erreur ; il n'y a point d'étourderie dans son fait, mais impossibilité d'apercevoir les objets placés à une certaine distance.

MADAME DERVILLE. — J'ai vu, je m'en souviens, quelques-uns de ces vers blancs, il y a bien des années ; le jardinier de mon père les faisait sortir de la terre au pied des arbres avec sa pioche ou sa bêche ; nos poules en étaient très-friandes. J'ai vu aussi des hannetons tout blancs qu'il retirait également de la terre, où, apparemment, ils avaient passé l'hiver, du moins le jardinier l'assurait.

M. DERVILLE. — Parce que le jardinier

n'avait pas la plus légère idée de la transformation subie par les vers blancs, et parce qu'il ignorait que la durée de la vie du hanneton n'est que de huit jours au plus.

MADAME DERVILLE. — Ainsi, quand ils disparaissent subitement, et presque partout au même moment, c'est qu'ils meurent?

M. DERVILLE. — Oui, ma chère amie. Prête-moi quelques minutes d'attention, et tu vas suivre pas à pas, pour ainsi dire, l'histoire du hanneton. La femelle, dont les pattes de devant ont armées de forts crochets, creuse un trou en terre à un demi-pied de profondeur pour y déposer ses œufs. Elle les place à côté les uns des autres, les recouvre, et deux jours après elle meurt.

« Le ver éclot vers la fin de l'été; les

racines des herbes, des plantes de toutes les espèces, forment sa nourriture
pendant un an ou deux, et ainsi il fait
périr un grand nombre de plantes potagères et d'arbrisseaux dont le feuillage
flétri et les rameaux languisants, font
reconnaître qu'*un ver* les a *piqués*; on
voit parfois des prairies entières dépouillées de verdure par suite de la faim
dévorante des milliers de vers blancs que
les femelles des hannetons sont venues y
déposer.

» A l'âge de trois ans, le ver blanc a
atteint toute sa croissance. Long d'un
pouce et demi, gros comme le petit
doigt, d'un blanc jaunâtre, et presque
transparent, le ver se tient souvent
comme replié sur lui-même; mais quand
il lui plaît, il peut ramper à l'aide de
ses six pieds, et s'enfoncer de plus en

plus dans la terre ; il y voyage pour chercher de la nourriture à mesure que celle dont il était entouré commence à lui manquer, mais jamais il ne vient volontairement à la surface ; car les oiseaux de toutes les espèces lui font la guerre, et les cochons l'auraient bientôt déterré s'il ne se tenait à plus de trois pieds de profondeur au-dessous du sol.

CÉCILE, *en hésitant un peu.* — Mais, mon père, comment le ver blanc fait-il pour respirer ?

M. DERVILLE. — Il est muni de stigmates organisées de manière à ce que l'air seul, et non la terre, y puisse pénétrer.

AMÉDÉE. — Ainsi, il y a de l'air jusque bien avant dans la terre ?

M. DERVILLE. — Les pierres et les

métaux les plus durs contiennent de l'air. Plusieurs mues ont lieu avant l'époque à laquelle la métamorphose doit s'opérer, et, à chaque mue, le ver se creuse une petite loge parfaitement ronde; il sait le secret d'en rendre les parois solides et dures, et d'en sortir après la mue pour aller chercher de la nourriture. Ce n'est guère que vers la fin de sa quatrième année qu'il se prépare à la grande opération qui doit faire de lui un animal nouveau, lui donner des ailes et huit jours d'existence sur cette terre au sein de laquelle il a passé la presque totalité de sa vie.

« Le ver blanc s'enfonce alors à une plus grande profondeur encore, et met tous ses soins à arranger pour la dernière fois sa demeure. Peu de temps après, il commence à se gonfler et à se

raccourcir ; la peau qui l'enveloppait, se
fend, se détache ; le ver, ou *larve* est
devenue *nymphe*. Il n'est pas possible
de découvrir d'abord rien qui annonce
un hanneton ; la nymphe, d'un blanc
jaunâtre, est sans forme, sans consistance ; mais si on la touche, elle donne
des signes de vie. Vers la mi-février,
les formes du hanneton se dessinent ;
peu à peu sa couleur blanc sale devient
plus jaune ; chaque jour qui s'écoule
donne du ton et de la solidité à l'insecte ; au bout de douze jours, il est
complétement formé et coloré, et cependant il demeurera encore trois mois immobile dans sa loge. A l'état de ver ou
de larve, il lui a fallu pour nourriture
les racines des plantes et des arbres ; à
l'état parfait, il lui faut du feuillage ; le
hanneton attend donc que le mois de
mai ait couvert les arbres d'une verdure

nouvelle ; alors il sort lentement de sa loge, perce la terre pour monter à la surface, et presque chaque soir, pour ainsi dire, pendant tout le mois de mai, on voit des hannetons paraître, et le sol se cribler de trous presque tous égaux.

AMÉDÉE. — Ainsi, maman, les hannetons blancs que tu as vus dans le jardin de bon papa étaient des nymphes bien avancées dans leur métamorphose ?

MADAME DERVILLE. — Sans nul doute. Ce que c'est que l'ignorance, cependant! Elle donne des années d'existence à un insecte qui ne se montre sur la terre que huit jours !

CÉCILE. — Mon père, et le hanneton du rosier ? Oh ! pour celui-là, il est bien joli avec sa couleur vert-émeraude mêlée d'or ?

M. DERVILLE. — Ne sachant, pour le moment, aucune particularité de son histoire, je ne t'en dirai rien ; mais j'ajouterai qu'il y a plusieurs espèces de hannetons toutes plus ou moins nuisibles, et toutes soumises, comme les six ordres d'insectes ailés, aux diverses transformations désignées par les noms de larves, de nymphes et d'état parfait.

CÉCILE. — Et la petite bête du bon Dieu ! oh ! si tu voulais nous raconter son histoire ! elle est si gentille !

M. DERVILLE. — La coccinelle dépose ses œufs sur les jeunes branches qui, au printemps, se couvriront de pucerons. De chacun des œufs, sort un ver bientôt transformé en larve ; cette larve

saisit les pucerons avec ses mandibules,
les attire jusqu'à sa bouche en forme de
suçoir, les y retient fixés à l'aide de deux
barbillons, et vide complétement le puceron ; elle rejette la peau, en saisit un
autre, et, en quelques heures, elle en a
expédié ainsi des centaines.

Madame Derville. — Il faudra que
je *fasse connaissance* avec les larves des
coccinelles, afin d'en *transplanter* sur
quelques malheureux rosiers que je ne
peux réussir à débarrasser des pucerons
qui dévorent les jeunes pousses.

Cécile. — Maman, je te chercherai
des coccinelles, si tu veux ; nous les
mettrons à pondre sur nos rosiers, et
l'année prochaine nous aurons autant
de larves que nous en voudrons.

M. Derville. — Pour qu'elles se dévorent l'une l'autre, de sorte qu'il n'en restera pas une seule.

CÉCILE. — Mais, mon Dieu, faut-il donc que toutes ces bêtes mangent ainsi leurs semblables ?

M. DERVILLE. — Que vous ai-je dit au sujet des mammifères, des oiseaux, des reptiles carnassiers? Que des obstacles de bien des genres s'opposent à leur multiplication, tandis que chez les animaux qui n'attaquent que le feuillage, les fruits et les fleurs, cette multiplication est en quelque sorte favorisée.

CÉCILE. — Oui, pour faire dévorer ces pauvres plantes !

M. DERVILLE. — Tu trouves tout simple la multiplication de tout ce qui sert aux besoins de l'homme; pourquoi ne trouverais-tu pas tout simple la multiplication prodigieuse des insectes, par exemple, qui sont, soit *innocents*, soit carnassiers, comme une manne répandue partout pour les animaux sans nombre auxquels ils servent de pâture? Ma chère enfant, nous avons toujours deux poids et deux mesures; le Créateur n'en a qu'une; nous rapportons tout à nous et à la petitesse de nos vues; les lois qui régissent ce vaste univers ont pour objet sa conservation et celle de tout ce qui le couvre, sans égard aux espèces et encore moins aux individus. Sachons voir ce qui est, et tâchons de comprendre la grandeur de l'auteur de toute chose, au lieu de prétendre sans cesse à tout ramener à l'étroitesse de nos conceptions si souvent empreintes d'égoïsme. C'est par milliards que les pucerons se reproduisent deux ou trois fois l'an; aussi sont-ils non-seulement destinés à nourrir les oiseaux, à donner *du lait* aux fourmis, mais à devenir la proie du ver des pucerons, et de deux ou trois autres espèces de *bêtes fauves* dans le genre de celui-ci ; tel est, par exemple, le barbet ou hérisson blanc, ainsi surnommé parce qu'il se couvre d'une espèce de toison d'un blanc de neige qui cache sa peau verte ; tel est aussi un autre *petit lion* qui a pour habitude de se faire un manteau ou plutôt une chabraque avec la dépouille des vaincus. Dès qu'une peau de puceron est complétement vide, il se la jette sur le dos par le moyen de sa tête qu'il peut renverser en arrière selon son bon plaisir, et sa couleur disparaît sous cette chabraque chamarrée de peaux verdâtres, blanchâtres, roussâtres, plus ou moins hérissées de poils ; car il y a des pucerons tout velus.

CÉCILE. — Ces pauvres pucerons !

AMÉDÉE. — Allons, voilà que tu les plains à présent, après leur avoir reproché le dégât qu'ils font et le dommage qu'ils portent aux arbustes !

MADAME DERVILLE. — Et pourtant, ma fille, tu étais toute prête, il n'y a qu'un instant, à me *fournir* des œufs de coccinelle !

M. DERVILLE. — Quelque jour, je l'espère, Cécile aura soin de penser à ce qu'elle veut dire avant que de parler, et alors elle ne se contredira pas deux ou trois fois en une minute.

« Les savants ne sont pas absolument d'accord sur les larves qui donnent la coccinelle. Mais Réaumur, cet observateur infatigable et sage des travaux des insectes, nous montre, dans le ver des pucerons, la larve d'une très-jolie mouche verte, aux ailes de gaze, au corps vert et doré, appelée hémérobe, et, dans le barbet blanc et le petit lion vainqueur, les larves des coccinelles grandes, petites, rouges, jaunes, vulgairement appelées poules ou petites bêtes du Bon-Dieu. Nous ne parlerons pas maintenant des hémérobes; elles appartiennent à l'ordre des névroptères, et non point à celui des coléoptères dont nous nous occupons aujourd'hui; tandis que les coccinelles... Mais, à propos, Cécile, les as-tu vu voler, les coccinelles?

CÉCILE. — Oui, mon père. Elles sont longtemps à s'y décider; elles soulèvent deux ou trois fois les étuis de leurs ailes, et enfin elles partent.

M. DERVILLE. — Ainsi tu es bien sûre qu'elles appartiennent à l'ordre des coléoptères ?

CÉCILE. — Mais certainement, puisqu'elles ont des étuis pour renfermer leurs ailes.

M. DERVILLE. — Revenons à leurs larves. Quand arrive, pour celles-ci, le moment de se préparer à la métamorphose, elles commencent à se filer un cocon qui n'est jamais plus gros qu'un petit pois. C'est dans cet étroit espace que la larve parvient à se renfermer en se roulant, pour ainsi dire, sur elle-même. Elle s'y transforme en nymphe, c'est-à-dire que, sous sa dernière peau, se forme une enveloppe destinée à contenir les sucs nourriciers qui serviront au développement des membres dont elle doit être munie pour devenir scarabée. La métamorphose opérée, elle perce son cocon, en sort, demeure ensuite immobile afin que l'air enlève l'humidité dont elle est tout imprégnée ; les élyres de ses ailes prennent de la consistance ; ses ailes, ses pattes se raffermissent, et la voilà en état d'aller butiner sur les fleurs ; car il n'est plus question pour elle de carnage et de pucerons ; elle a dépouillé, avec son enveloppe de nymphe, l'instinct carnassier, et ce changement n'est pas un des moins remarquables de tous ceux qui se sont opérés en elle.

CÉCILE. — Ah ! je suis bien aise que les petites bêtes du Bon-Dieu ne soient point carnassières. Mon père, vivent-elles longtemps ?

M. DERVILLE. — Jusqu'au moment où elles déposeront leurs œufs. Une fois la ponte faite, la coccinelle meurt ; telle est la destinée de tous les insectes.

Madame Derville *en riant.* — Ce serait bien ici le cas, ou jamais, de dire comme votre bonne maman : *Tant de peine et puis mourir !*

Amédée. — Mon père, voici quelque chose qui me revient à l'esprit maintenant, à propos de ce que tu nous as dit de l'odorat pour les insectes ; je voulais te faire alors une question à laquelle je n'ai plus pensé ; où sont donc placés les stigmates ? cela m'inquiète.

M. Derville. — Chez l'insecte parvenu à *l'état parfait*, les stigmates se trouvent toujours placés sur le corselet ; chez l'insecte à l'état de larve ou de nymphe, ces organes de la respiration tantôt s'ouvrent sur le corselet également, tantôt sur les anneaux qui composent le corps, tantôt à la partie tout-à-fait inférieure de l'abdomen. Ainsi, par exemple, le cousin, à l'état de larve, respire par les stigmates ouverts de chaque côté de la tête; à l'état de nymphe, les stigmates sont placés auprès de la queue; à l'état parfait, on les voit sur le corselet.

MADAME DERVILLE. — Et nous dédaignons d'examiner des animaux chez lesquels s'opèrent des changements si importants, si graves, si complets! des changements qui sont, à mon avis, une preuve si admirable de la puissance sans bornes dont la seule volonté a suffi pour imposer à la matière des modifications devant lesquelles notre esprit demeure confondu!

M. DERVILLE. — On le dédaigne trop

souvent, en effet, ma chère amie ; mais nous, nous prendrons plaisir, n'est-ce pas, mes enfants, à pénétrer, autant qu'il dépendra de nous, dans les merveilles de l'organisation, et nous ne dédaignerons rien de ce qui pourra contribuer à nous fournir des sujets d'instruction et aussi de plaisir ; car c'est un plaisir bien vif, il me le semble du moins, que de se servir de ses yeux pour voir, et de son intelligence pour comprendre.

CÉCILE. — Oh ! oui, certainement !

AMÉDÉE. — C'est bien étonnant, tout cela, car enfin les trachées doivent changer aussi de place, et ainsi c'est par dedans comme par dehors que l'animal se métamorphose, n'est-il pas vrai, mon père ?

M. DERVILLE. — Sans nul doute. Je

vais vous en donner deux exemples. Les demoiselles libellules vivent dans l'eau à l'état de larves et de nymphes jusqu'au jour de la métamorphose en mouches ; elles sont munies de branchies communiquant à des trachées ; leur tête est armée d'une espèce de masque fort singulier qui s'ouvre en deux parties comme deux volets, et qui leur sert à saisir et à retenir la proie vivante dont elles se nourrissent et que leurs dents broient assez lestement ; quand arrive le moment de la métamorphose, elles abandonnent leur masque, elles retirent de leurs dents de nymphes les dents de la demoiselle qui s'y trouvaient renfermées comme dans autant d'étuis, et l'on voit sortir par le corselet, sous la forme de cordons, les trachées appartenant aux branchies de la nymphe ; nul doute qu'elles ne soient intérieurement remplacées par les trachées nécessaires aux stigmates de la demoiselle destinée à vivre désormais non pas dans l'eau, mais dans l'air. Ce n'est pas tout : chez quelques espèces, comme déjà je vous l'ai dit, les larves sont carnassières et l'insecte parfait se nourrit de feuillage ou du miel des fleurs ; les organes de la digestion ne peuvent donc pas être les mêmes , car il est reconnu que chez les carnassiers et chez les herbivores le canal intestinal n'est pas d'égale longueur ; plus court chez les premiers, il fait moins de circonvolutions, et dans sa texture il éprouve aussi des modifications notables.

CÉCILE. — Je voudrais être déjà à l'année prochaine pour apprendre tout cela en détail.

M. DERVILLE. — L'autre exemple de

transformation complète à l'intérieur comme à l'extérieur m'est fourni par l'hydrophile, animal fort singulier, surtout à l'état de larve. A l'état parfait, c'est l'un de nos plus gros coléoptères ; il est de couleur brune, il marche mal et vole très-bien. La femelle possède, comme l'araignée, une filière placée à la partie inférieure de l'abdomen, et elle file une coque de forme ovale dans laquelle elle renferme ses œufs ; cette coque étant remplie d'air, flotte sur l'eau sans courir le risque d'être jamais submergée.

Cécile. — C'est dans le genre de l'argyronète.

M. Derville. — Avec cette différence que la coque de l'hydrophile ne sert point de demeure à celle-ci ; elle sert seulement de berceau à ses œufs qui s'y trouvent entourés d'une sorte de duvet. Mais, de même que l'argyronète cette fois, elle a besoin d'air pour respirer, car elle est munie de stigmates, et non de branchies, fort singulièrement placés à l'extrémité postérieure du corps. L'hydrophile maintient cette partie au dessus de l'eau par le secours de deux appendices charnus qui l'y soutiennent, et, la tête en bas, il pêche. La facilité qu'il a de mouvoir sa tête munie de mandibules fortes et crochues, et de la renverser à sa volonté en arrière, a fait donner à ce singulier animal le surnom de *tourniquet*. Il faut le voir nager avec rapidité à droite, à gauche, la tête un peu relevée, et saisir en passant les petits coquillages attachés aux plantes aquatiques; aussitôt le gibier pris, l'hydrophile se renverse en arrière, le pose sur son dos, et à coups de tête casse la coquille, puis dévore sa proie. Mais une fois arrivé à l'état parfait, l'hydrophile ne se nourrit plus que de végétaux décomposés, et les organes de la digestion changent comme tout le reste, ainsi que déjà je vous en ai fait faire l'observation.

CÉCILE. — Mon père, puisque tu dois nous parler encore quelque temps des insectes, l'histoire du ver luisant viendra, n'est-ce pas? Nous en avons dans le jardin deux ou trois; je voudrais bien les voir de près, mais je ne sais comment les prendre. Cela ne brûle pas, n'est-ce pas, mon père?

M. DERVILLE. — Nullement, et je peux contenter, dès ce soir, la curiosité de connaître *leur histoire*, car ce genre appartient à l'ordre des coléoptères.

CÉCILE. — Comment, ce sont aussi des hannetons?

AMÉDÉE.— Cela veut dire simplement que leurs ailes sont cachées sous des élytres.

M. DERVILLE. — Le mâle seulement est pourvu d'ailes et d'élytres ; la femelle ne possède ni les unes, ni les autres, et, dans quelques espèces, il n'y a qu'elle qui brille d'une lumière phosphorescente, propriété qu'elle possède également dans ses trois états de larve, de nymphe et d'insecte parfait.

CÉCILE. — Mon père, est-ce que ce sont les yeux qui brillent ainsi?

M. DERVILLE. — Ce n'est point sur la tête, c'est sur les deux ou trois derniers anneaux de l'abdomen que se trouvent les taches jaunes, et non pas *les yeux*, auxquelles est dû cette lumière vert-bleuâtre assez vive par moment et qu'il dépend, selon toute apparence, de la volonté du lampyre de rendre plus vive ou plus pâle, et même de cacher totalement.

CÉCILE. — Pourquoi donc a-t-on donné ainsi une lanterne à la femelle et point au mâle?

M. DERVILLE. — Je viens de te dire que, dans quelques espèces, le mâle et la femelle sont, sous ce rapport, également bien partagés; alors on voit des étincelles voltiger en l'air par une nuit d'été, tandis que d'autres brillent çà et là dans le gazon.

AMÉDÉE. — Mon père, les voyageurs rapportent qu'il y a des contrées où les vers luisants donnent assez de lumière pour qu'on puisse travailler et lire, ce qui fait que les gens du pays s'en servent le soir à cet usage pendant la veillée?

M. DERVILLE. — Et les voyageurs disent la vérité. Telle est entre autres le coléoptère appelé à la Guyane *mouche à feu*, ou *mouche luisante*. Dans l'Amérique, dans l'Inde, un magnifique insecte, le *fulgore* ou *porte-lanterne*, répand une lumière plus vive encore; une autre espèce se trouve dans le midi de l'Europe : c'est le *lucciola*, ou lampyre splendidule. Trois individus de ce dernier genre, enfermés dans un tube de verre, donnent assez de clarté pour qu'on puisse distinguer les objets contenus dans une chambre ; un seul suffit à éclairer le cadran d'une montre de façon à ce qu'il soit possible de voir l'heure. Le lucciola est très-commun en Italie.

CÉCILE. — Il faudra absolument que je fasse la chasse aux vers luisants que j'ai aperçus dans le jardin, et que j'essaie, en les réunissant, s'ils donneront assez de lumière pour lire au moins quelques lignes.

M. DERVILLE. — Un oiseau du Bengale, le loxia, connaît, dit-on, l'usage du lampyre comme *luminaire*. Le loxia travaille particuliérement la nuit à tresser son nid auquel il donne la forme d'une sorte de bourse, et qu'il suspend à une branche flexible au-dessus des eaux tranquilles de quelque lac. Pendant ses travaux il se sert de vers luisants pour s'éclairer.

CÉCILE. — Mais, mon père, comment

fait-il pour les obliger de venir sur la branche de l'arbre et pour les empêcher de s'en aller?

M. Derville. — Il gâche un peu de terre glaise mêlée de mousse, en forme un petit monceau tout auprès de son nid, et *l'incruste* de lampyres.

Amédée. — Quelle invention!

Madame Derville. — Elle est charmante de la part du loxia et bien cruelle pour les lampyres.

Cécile. — Les pauvres bêtes! Ils ne doivent pas vivre longtemps, et alors leur lumière s'éteint, n'est-ce pas, mon père?

M. Derville. — Les insectes, pour la plupart, ont *la vie dure*. Les lampyres s'agitent beaucoup, sans nul doute, afin

de s'arracher à ce mortier qui les retient captifs ; mais plus ils s'agitent,
plus la lumière phosphorescente qu'ils
laissent échapper devient brillante ; ceci
est un fait qu'on a pu vérifier.

CÉCILE. — Les loxias le savent apparemment ?

M. DERVILLE. — J'en doute, mon enfant. L'instinct leur apprend seulement
à faire, du lampyre, ce singulier usage.
Je ne crois pas que leurs combinaisons
intellectuelles aillent au delà ; car si, en
effet, nous en remarquons, chez ces
animaux, quelques-unes qui nous obli-
gent de leur accorder jusqu'à un certain point l'exercice de la pensée, cette
pensée a des bornes fort étroites, l'expérience nous le prouve aussi, au delà
desquelles elle ne saurait aller.

MADAME DERVILLE. — C'est déjà bien

assez d'intelligence que cette manière d'approprier les lampyres à leur usage.

Amédée. — Ainsi, mon père, c'est du phosphore qui sort des taches jaunes qu'on trouve sur l'abdomen du lampyre ?

M. Derville. — L'assurer, ce serait trancher une question qui n'a pas encore été décidée, que je sache ; mais il paraîtrait que cette lumière est de nature phosphorescente, car la lumière répandue par le lampyre s'étend sur le lieu où on l'écrase.

Amédée. — Il faudra que j'en fasse l'expérience.

Cécile.—Oh ! non ! ces pauvres vers luisants, pourquoi les tuer ! Je suis bien sûre qu'ils s'amusent beaucoup la nuit à faire briller leur lanterne !

M. Derville. — *Et ne vendez la peau de l'ours qu'après l'avoir couché par terre.* Il n'est pas facile de se procurer des lampyres. C'est un insecte pacifique, très-timide, qui se cache le jour sous les feuilles et se promène lentement pendant les belles nuits d'été sur le gazon ; dès qu'on le touche, il retire sa tête, se met en boule et disparaît, ainsi que sa lanterne ; ou plutôt c'est celle-ci qui disparaît, et alors où le chercher?

Cécile. — Que c'est ennuyeux ! j'essaierai pourtant, car je meurs d'envie d'en voir et d'en avoir.

M. Derville. — Nous aussi, nous allons éteindre notre luminaire, il est temps d'aller se coucher. Prenez des notes comme de coutume, mes enfants. Demain je vous parlerai encore de quel-

ques coléoptères, puis nous nous occuperons des *orthoptères*. Amédée cher-
chera ce mot dans son dictionnaire,
l'expliquera à sa sœur, et quand je m'en
servirai, tous les deux vous me com-
prendrez à l'instant. C'est ainsi que, sans
fatigue, nous apprendrons quelques-uns
des noms dont se compose le langage
de la science pour l'histoire naturelle ;
langage utile autant que concis, et
qu'il est bon de savoir. »

CHAPITRE III.

Les bruches. — Les calandres. — Les bostriches.
—Le charançon. — Les blattes.— Les criquets
—Les grillons. — La courtilière.

Le lendemain soir, Amédée et sa sœur
étaient en état de dire à leur père que le
nom d'*orthoptères*, composé de deux
mots grecs, *orthos* et *pteron*, signifie
droit et *aile*.

— « Mais, ajouta Cécile, mon frère
et moi nous n'en sommes pas plus
avancés pour cela.

— « Mes enfants, répondit M. Derville,
je vais vous mettre à même de compren-

dre aisément et le nom d'*orthoptères*, et ceux des ordres suivants, en vous répétant ce que je vous ai déjà dit, que la grande classification en *ordre* pour les insectes qui, à l'état parfait, prennent des ailes, a été déterminée ou par la forme, ou par la contexture de ces ailes, ou par la manière dont elles sont portées pendant le repos. Si vous aviez mieux regardé les insectes qui s'offrent journellement à vos yeux, depuis surtout que nous habitons la campagne, vous auriez remarqué que les ailes de la mouche, quand elle est en repos, forment au-dessus d'elle une sorte de toit plus ou moins plat ; eh ! bien, chez les orthoptères au contraire, parmi lesquels nous trouverons les criquets, espèce de sauterelles, le perce-oreille, le taupe-grillon, *personnes de notre connais-sance ou à peu près*, vous verrez que les ailes, qui s'ouvrent en éventail pour le vol, se ferment et se tiennent *droites*, au repos, de chaque côté du corps ; d'où vous conclurez tout naturellement que le nom d'*orthoptères* doit signifier *ailes droites*.

CÉCILE. — Ah ! c'est vrai ! comment ne l'as-tu pas deviné, Amédée ? c'est pourtant assez clair.

AMÉDÉE. — Tu n'as pas été plus habile que moi, ma sœur !

M. DERVILLE.—Maintenant, pour vous donner une idée des mots qui ont été choisis pour exprimer la contexture de l'aile, je vous citerai les *névroptères* qui prennent place après les *orthoptères*, en vous disant que les deux premières syllabes viennent du mot grec *neuron* lequel signifie nerf; vous savez la signification des deux dernières syllabes ; dites-moi comment il faut traduire le nom de *névroptères?*

CÉCILE. — Oh ! c'est trop difficile! dis, toi, Amédée.

AMÉDÉE. — Cela veut dire.... des nerfs.... et des ailes apparemment.

M. DERVILLE. — Et toi, ma chère amie ?

MADAME DERVILLE, *en riant.* — Je ne m'attendais pas à traduire jamais du grec en français.... Il me semble qu'il doit y avoir du *nerveux* la dedans, tout autant et même plus que des nerfs.

AMÉDÉE. —Oh j'y suis ! *ailes nerveuses !*

M. Derville. — C'est cela même. A présent que je vous ai mis sur la voie, je ne vous aiderai plus, mes enfants, pour ceux des autres ordres que j'aurai à vous nommer encore. Cherchez et vous trouverez.

Cécile. — Mais, mon père, tu ne défends pas à maman de nous aider du moins?

M. Derville. — Je n'ai rien à défendre ni à ordonner à votre mère.

Madame Derville. — Moi, mon ami, j'ai à te demander quelque chose. Si l'insecte dont je veux parler n'appartient pas à l'ordre des coléoptères dont tu as encore quelque chose à nous dire, tu ajourneras ta réponse. Je voudrais bien savoir comment on pourrait se défaire de la petite bête noire qui dévore nos provisions d'hiver, telles que les pois, les lentilles surtout, ou mieux encore le moyen de se garantir des dégâts qu'elle fait. Tu diras peut-être que ma question est plutôt d'une bonne ménagère que d'un amateur d'histoire naturelle ; mais, pour une femme, sa maison avant tout.

M. Derville.— Tu as raison, et je désire que Cécile dise aussi quelque jour : *Pour une femme, la maison avant tout;* ce peu de mots signifie bien des choses. Fort heureusement pour l'*histoire naturelle*, la question que tu m'adresses vient à point; tous les charançons appartiennent à l'ordre des coléoptères; mais très-malheureusement les familles dont cet ordre se compose, sont bien difficiles à détruire. Le petit in-

secte noir qu'on trouve particulièrement
dans les lentilles, n'y pénètre pas,
comme le charançon dans le blé, quand
la graine est mûre ; ainsi je ne vois
pas comment on pourrait s'en préserver.

CÉCILE. — Ah ! comment donc y pé-
nètrent-ils, mon père ?

M. DERVILLE. — La bruche qui attaque un grand nombre de nos plantes
potagères et qui se nourrit de leurs
graines ou de l'amande de certains
fruits, dépose un œuf dans la fleur même
au moment où le fruit, la graine vont
se *nouer*, en termes de jardinier. Cet
œuf, extrêmement petit, n'empêche
point la formation ni le développement
de la graine ou de l'amande, parce que la
bruche n'injecte pas, comme l'insecte

qui fait pousser des galles sur les arbres, une liqueur corrosive dans le *nid* ainsi préparé à sa progéniture ; il est donc impossible de s'apercevoir de la présence de cet œuf.

CÉCILE. — Ah ! les petites trattresses ! Mais, mon père, il y a des vers blancs en même temps que des petites bêtes noires dans les lentilles et dans les pois secs. Marguerite m'en a montré l'année dernière !

M. DERVILLE. — Tu sais qu'il sort un ver de chaque œuf d'insecte ; que ce ver devient larve, puis nymphe ; les prétendus vers blancs que tu as vus, c'étaient les larves ou les nymphes des bruches qui devaient se métamorphoser en insecte parfait au printemps suivant ; car elles passent neuf mois de l'année en-

fermées dans la graine légumineuse ou
dans l'amande où elles sont écloses.
Elles s'y nourrissent d'une partie de la
substance farineuse, et avant que de
se métamorphoser en nymphes, elles se
ménagent une sortie pour le moment
où, passées à l'état parfait, elles prendront leur essor ; cette sortie c'est le
trou rond qu'on trouve sur l'une des
faces de l'amande ou de la graine qui a
contenu l'une de ces espèces de charançon. Celui du blé, surnommé *calandre*,
exerce de bien grands ravages, et il est
impossible de s'apercevoir que le grain
amoncelé dans les greniers est attaqué
par cette redoutable vermine. La calandre femelle, après avoir déposé son
œuf dans le grain, sait le secret de
boucher le trou qu'elle a fait pour s'y
introduire, et c'est seulement plus tard

qu'on s'aperçoit du dommage. Il est parfois immense.

CÉCILE. — Mon père, chaque larve de calandre mange donc un grand nombre de grains de blé ?

M. DERVILLE. — Non, mon enfant, mais chaque femelle peut pondre dans une année plus de six mille œufs ; ceux-ci donnent d'autres femelles qui multiplient tout aussi prodigieusement, et ainsi il faut très-peu de temps pour que des monceaux de grains de blé se trouvent dépouillés intérieurement de tout ce que le grain contient de parties farineuses. Quand le fermier veut vendre ou porter son blé au moulin, il ne trouve que des grains vides.

CÉCILE. — Eh ! bien, Amédée, diras-tu encore qu'*il faut que tout le monde vive?*

AMÉDÉE. — Je dirai qu'il faut trouver un moyen de mettre en déroute ces insectes dévorants.

M. DERVILLE. — Les mettre *en déroute* ne suffit pas ; aussi s'est-on occupé d'abord d'en préserver le blé. On y parvient en le remuant souvent ; les calandres ne peuvent souffrir le bruit et le mouvement ; puis on a cherché et découvert divers procédés pour détruire, dans le blé déjà attaqué, des insectes si nuisibles ; ceci ne réussit que lorsque, par négligence, on n'a point laissé le mal s'aggraver et devenir incurable.

CÉCILE. — Ainsi, il y a des insectes

pour dévorer les racines, les feuilles, les fruits des arbres et des plantes !

Amédée. — Et le bois aussi. Te souviens-tu, ma sœur, de ces morceaux de bois que nous avons trouvés l'hiver dernier dans le bûcher, et qui étaient comme gravés de toute sorte de dessins si singuliers ?

Cécile. — Ah ! oui, c'est vrai. Ce sont apparemment les *tarets*, dont mon père nous a déjà parlé, qui mangent ainsi le bois, n'est-ce pas, mon père ?

M. Derville. — Mon enfant, crois-tu donc que la *création* soit assez *pauvre* en insectes pour ne présenter qu'une seule *espèce* de vers ou de larves se nourrissant indifféremment de bois mort ou sur pied, de bois sec ou mouillé ? Il me semble t'avoir déjà dit, que jusqu'aux mousses servent d'asile et de nourriture à des insectes divers ; que chaque plante, chaque arbre *vivant* a les siens propres, soit pour le feuillage, les fleurs, leur pollen, l'aubier, l'écorce, les racines ; la plante, l'arbre mort, appartiennent à d'autres espèces ; cette loi est aussi générale pour le règne végétal que pour le règne animal, et nous trouverons même, dans le règne minéral, que la dureté des pierres, des marbres, ne peut les mettre à l'abri des attaques d'animaux presque microscopiques.

Amédée. — Les mollusques appelés pholades nous l'ont bien montré pour les pierres et pour les rochers.

M. Derville. — Les travaux des divers insectes qui rongent le bois diffèrent entre eux : c'est aux figures que présentent les routes qu'ils tracent entre l'aubier et l'écorce, qu'on distingue les typographes, les calcographes, les ligniperdes, les bostriches et quelques autres. Mais les plus redoutables de tous les insectes orthoptères qui attaquent le bois *vivant*, ce sont les bostriches, si connus sous le nom vulgaire de *vers de sapin* ou de *vers noirs*. Il y a eu des années ou plus d'un million d'arbres attaqués par ces insectes dans les immenses forêts du Haztz, ont jauni et péri sur pied.

Madame Derville. — Quel terrible fléau !

M. Derville. — C'est par essaims composés de milliers d'individus, que ces petits coléoptères, longs de cinq à six lignes, se répandent de proche en proche et vont quelquefois d'une contrée à l'autre en franchissant plusieurs lieues. Vers le mois de mai, les bostriches qui ont passé l'hiver enfermés sous l'écorce des sapins, à l'état de larves, en sortent à l'état parfait pour aller déposer leurs œufs sur d'autres sapins. Entre l'écorce et l'aubier, éclosent et vivent en bonne intelligence des familles de plusieurs milliers d'individus qui creusent des galeries, rongent, dévorent pour ainsi dire côte à côte. Le feuillage du sapin jaunit; l'arbre entier se dessèche; il meurt par la cime d'abord; la sève cesse bientôt de circuler, et le bûcheron n'a plus à abattre que du bois sans valeur.

Amédée. — Mon père, tu ne veux pas que nous trouvions rien d'inutile.

Mais pourtant des petits animaux si nuisibles....

M. DERVILLE. — Dieu n'a-t-il donc semé sur la terre les arbres et les plantes à foison que pour le service ou l'usage de l'homme? Vous trouvez juste, mes enfants, que l'homme sacrifie à ses besoins des forêts entières, et vous êtes tout prêts à crier anathème sur des insectes qui ne prennent qu'une bien petite part des richesses répandues en tout lieu par une main libérale !

CÉCILE. — Mon père a raison; c'est une chose bien difficile que d'être juste pour tout le monde.

M. DERVILLE. — Les bostriches qui dévorent les sapins sont à leur tour dévorés par les pies; ainsi, et toujours, le remède a été placé à côté du mal ; ainsi, et toujours, régnent ces lois sages qui maintiennent partout l'équilibre et qui font que, sur la terre, comme dans le ciel, tout s'accorde pour la durée et le maintien de ce qui existe.

AMÉDÉE. — Je réfléchirai à cela, mon père, parce que cela mérite réflexion.

CÉCILE, *en riant.*—J'espère que voilà une phrase d'une beauté sans pareille !

M. DERVILLE. — Ma fille, si l'expression n'est pas heureuse, la pensée est bonne du moins. Je suis bien aise de voir que ton frère sente l'importance de ce que je viens de dire, et qu'il comprenne qu'on ne doit point décider sans examen quand il s'agit des hautes combinaisons qui ont présidé à la création de l'univers. L'homme y tient un rang assez élevé pour satisfaire son orgueil sans qu'il soit nécessaire qu'il prétende subordonner tout à lui, rapporter tout à lui, et ne voir que son intérêt et lui. Qu'il travaille à détruire les animaux qui lui sont nuisibles, il use de son droit ; mais qu'il ose demander compte à Dieu du nombre et de l'instinct de ses créatures, si ce n'est pour l'admirer dans son immensité et sa toute-puissance, c'est montrer à la fois petitesse d'esprit et sécheresse de cœur. Si vous vous êtes tant récriés sur les dégâts du calandre, qui détruit l'espoir du laboureur, sur ceux du bostriche qui réduit le bûcheron à la misère, que direz-vous donc du clairon, l'ennemi des abeilles, si haut placées dans votre estime, parce que vous aimez beaucoup le miel ? C'est à peine si vous pourrez pardonner aux

clairons de glisser leurs œufs dans les
ruches des abeilles domestiques, même
en apprenant qu'ils en font tout autant
dans les nids des guêpes maçonnes, et
que les larves des guêpes deviennent
la proie des larves des clairons, tout
aussi bien que celles des abeilles?

Cécile. — Mon père, je te promets de
me retenir désormais quand il me viendra sur les lèvres un jugement de ce
genre, pour accuser la bonté et la grandeur de Dieu ; mais pourtant il y a des
choses qui feront que je me récrierai encore. Par exemple, pour les perce-
oreilles que tu nous as dit appartenir à
l'ordre des orthoptères? Est-ce que je
ne peux pas du moins demander pourquoi il y a des perce-oreilles qui tuent
les gens lorsqu'on s'endort sur l'herbe,
ou qui les rendent sourds?

M. Derville. — Les forficules doivent le surnom de *perce-oreilles* à un vieux préjugé. Ils n'en veulent aux oreilles de personne, ne tuent personne et ne s'introduisent point dans le cerveau par le canal auditif, attendu que celui-ci n'a aucune communication avec les autres parties de la tête, et que les forficules sont peu soucieux d'en ouvrir une. Le seul dommage qu'on ait à leur reprocher, c'est de dévorer les fruits, les œillets surtout, de là la guerre acharnée que leur font les jardiniers. La femelle offre quelque chose de particulier et de rare parmi les insectes; c'est l'instinct maternel. Ne mourant pas après la ponte, elle couve ces œufs, soigne ses petits et les rassemble avec amour entre ses pattes, tout comme la poule couve ses œufs, surveille ses poussins et les réunit en cas de danger sous ses ailes.

AMÉDÉE. — Ce que c'est pourtant que les préjugés ! Ils vous empêchent d'examiner une foule de choses curieuses.

M. DERVILLE. — Et en même temps, par le secours de la peur, ils renferment l'intelligence dans des limites de plus en plus étroites, tandis que l'instruction, au contraire, en développe toutes les facultés. Un autre insecte orthoptère se montre encore à nous dans l'exercice des soins de la maternité ; c'est la femelle des blattes, variété des kakerlacs.

CÉCILE. — Ah ! ces vilaines bêtes noires qu'on trouve si souvent dans la cuisine, parce que le four de la ferme de notre voisin est tout près, de ce côté de la maison ?

M. DERVILLE. — Celles-là même. Les véritables blattes subissent une demi-métamorphose et sont munies d'ailes. Pendant un temps assez long la femelle porte, attachée à son abdomen, une espèce de coffret dans lequel sont enfermés ses œufs. Les naturalistes ne sont pas tout-à-fait d'accord sur la manière dont la blatte fabrique ce coffret de forme plus ou moins allongée et dont l'intérieur est rempli de petites cellules dans lesquelles les œufs ou les larves sont réunis deux par deux. Quand la blatte a trouvé un endroit convenable pour déposer son fardeau, elle s'en débarrasse ; mais, quelques jours après, elle vient le reprendre, le tâte, le retourne en tous sens , l'ouvre d'un bout à l'autre et fait sortir de leurs cellules les petites larves blanches qui apparaissent deux à deux, roulées sur elles-mêmes.

La blatte les frappe doucement du bout de ses antennes, et les aide, en quelque sorte, à se développer. De même que leur mère, les jeunes larves sont armées d'antennes assez longues; elles les agitent, puis vient le tour de leurs pattes ; elles se détachent ensuite lentement les unes des autres , et en quelques minutes elles se trouvent en état de marcher. De ce moment, la mère cesse de s'en occuper ; elles ont les moyens de pourvoir à leur subsistance, qui est la même que celle de l'insecte parfait ; elles changeront de peau quand l'époque en sera venue ; à la dernière elles prendront des ailes , et toutes ces opérations se feront, comme chez les autres insectes, sans que *les parents* s'en mêlent.

MADAME DERVILLE. — Les instincts sont comme les formes, les armes, les mœurs; rien ne se ressemble positivement dans les espèces innombrables d'êtres animés qui couvrent la surface du globe, ou vivent dans son sein et dans la profondeur des eaux.

AMÉDÉE. — Mon père, je voulais te demander une chose, c'est si les sauterelles sont encore aussi nombreuses en Égypte que du temps de Moïse?

M. DERVILLE. — On appelle improprement sauterelles, le criquet; la seule espèce, grande ou petite, pourvue d'ailes assez vigoureuses pour fournir à un vol élevé et prolongé. Quant à la mul-

titude innombrable de ces insectes dé-
vastateurs, elle est aujourd'hui la même
qu'autrefois, et ce n'est pas seulement
l'Égypte qui se trouve exposée à leurs
attaques, mais l'Afrique, la Tartarie et
quelques parties de l'Europe.

CÉCILE. — Mon père, de quelle couleur sont les criquets, je te prie?

M. DERVILLE. — Il y en a de plusieurs
nuances au moins; chez les uns le vert
domine, chez les autres le gris et le
brun, chez d'autres le jaune; leur taille
varie également depuis six lignes jusqu'à trois pouces et demi; mais presque tous sont remarquables par la beauté, l'éclat des couleurs de leurs ailes,
qui donnent à celles-ci beaucoup de
rapport avec les ailes du papillon.

MADAME DERVILLE. — Je me souviens

d'avoir entendu parler dans ma jeunesse d'une armée de sauterelles, c'est le nom généralement donné aux criquets, qui dévasta les environs de la ville d'Arles. Peu de temps auparavant, une autre *armée* s'était montrée en Allemagne, puis en Angleterre.

M. DERVILLE. — L'histoire nous a conservé le souvenir du fléau qui compléta la misère des soldats de Charles XII, roi de Suède, après la perte de la bataille de Pultava, en Bessarabie. Des colonnes immenses de criquets, comme sortant du sein des flots, s'élevèrent soudain entre la mer et son armée, en nombre si énorme, que le soleil en fut obscurci. Leur vol produisait un bruissement plus fort que celui de la tempête ; sur leur passage, les prairies verdoyantes, les riches moissons disparaissaient, et les contrées se transformaient en plaines de sable nu. Dans leur voracité, les criquets s'attaquaient jusqu'aux portes des maisons, et les hommes, les chevaux mourant de faim, écrasaient sous leurs pieds des milliers de ces insectes, si terribles par leurs dents meurtrières et par leur nombre, qui venaient leur enlever tous les moyens de subsistance.

CÉCILE. — Ah! mon Dieu! c'est comme nos pauvres soldats en Russie, dans le temps de la retraite de Moscou!

M. DERVILLE. — La misère était la même, mon enfant, sans aucun doute, mais elle ne naissait pas de la même cause.

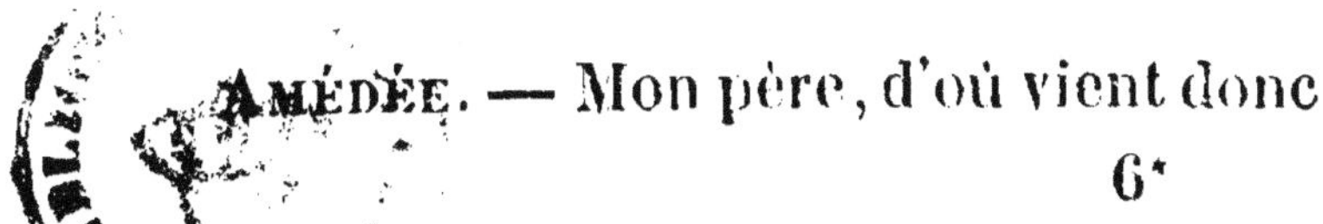

AMÉDÉE. — Mon père, d'où vient donc

6*

le bruit que faisaient ces criquets, et que tu as comparé à celui de la tempête?

M. DERVILLE. — Du frottement de leurs ailes pendant le vol. Ce bruit, multiplié à l'infini par la multitude infinie de ces insectes volant ensemble, est assez fort pour qu'on puisse l'entendre de loin.

CÉCILE. — Mon père, les criquets sautent aussi, n'est-ce pas?

M. DERVILLE. — Tout aussi bien que la sauterelle proprement dite, et que les locustes vertes si abondantes dans nos prés. Tous les genres de cette famille ont les plus grands rapports de mœurs et de *manières d'agir* dans les travaux de la métamorphose.

MADAME DERVILLE. — Je me souviens

encore d'avoir entendu dire, à propos
des dégâts faits par eux aux environs
de la ville d'Arles, qu'on recueillit, à
cette époque, trois mille mesures d'œufs
de criquets.

Cécile. — Ah! mon Dieu! Et qu'est-
ce qu'on en fit, maman?

Madame Derville. — On les brûla,
afin de se mettre à l'abri du même
fléau pour l'année suivante.

M. Derville. — Et probablement
on brûla aussi tout ce qui mourut de
criquets sur cette terre dévastée par
eux. Leurs dépouilles abandonnées l'auraient transformée en un foyer pesti-
lentiel d'où se seraient répandues au
loin les maladies contagieuses, telles
que la fièvre et peut-être la peste.

AMÉDÉE. — On a bien raison, dans la Bible, d'appeler les sauterelles l'une des sept plaies de l'Egypte !

M. DERVILLE. — Ce qu'on regarde avec raison comme un fléau redoutable dans les contrées cultivées, est reçu, au contraire, comme une manne précieuse dans l'intérieur de la Barbarie. Les anciens ont fait mention les premiers d'un peuple qui se nourrit de sauterelles ; on avait traité ce récit de fable ; cette fable est aujourd'hui une vérité prouvée.

CÉCILE. — Ah ! fi ! pour rien au monde je n'en mangerais !

M. DERVILLE. — Je ne vois pas pourquoi tu montrerais du dégoût pour des criquets rôtis dans des trous creusés en terre, et qu'on a fait chauffer comme

nous chauffons nos fours. Tu manges
bien des crevettes roses et grises.

CÉCILE. — Oh! ce n'est pas la même
chose !

M. DERVILLE. — Sans aucun doute.
Mais la seule différence que j'y voie et
que tu puisses y trouver, c'est que tu
es habituée à manger des crevettes, et
que tu ne l'es pas à manger des criquets.
Tu ne tiens compte, du reste, d'aucune
considération, et tu ne prends pas garde
que la crevette, comme presque tous les
crustacés, se nourrit de proies vivantes,
tandis que le criquet ne vit que de feuillage et d'herbe.

CÉCILE. — Ce que c'est que l'habitude ! Car tout cela est vrai, mon père,
en y pensant bien !

AMÉDÉE. —Ah! mon père, encore un animal qui se tient, comme les blattes, tout près des fours des boulangers, et aussi dans les cuisines, c'est le cricri; nous en avons ici, j'en ai entendu avant hier soir, et Marguerite est bien contente qu'il s'en trouve dans la maison, parce qu'elle assure que ces animaux-là portent bonheur.

CÉCILE. — Oui, comme les cigognes aux habitants des maisons sur lesquelles elles vont nicher!

M. DERVILLE. — Je suis bien aise, ma fille, que de toi-même tu songes à opposer un préjugé à un autre, ce qui est le meilleur moyen de les détruire tous. Ne trouvez-vous pas, mes enfants, qu'il est pitoyable de chercher des présages de bonheur ou de malheur dans le choix tout-à-fait instinctif de l'oiseau, de l'insecte, du reptile qui vient établir sa demeure dans la nôtre, ou tout auprès ? Savez-vous d'où nous viennent ces pensées ? de notre constante préoccupation de nous-mêmes ; du soin que nous avons de rapporter tout à nous. Cette préoccupation nous rend assez sots pour nous faire attacher, en quelque sorte, nos joies, nos craintes à un *vil* insecte, qu'en toute autre occasion, et s'il gênait seulement notre regard, nous écraserions avec dégoût ou dédain ! Le grillon nous porte *bonheur* d'une singulière manière en venant partager nos provisions de bouche ! S'il se rapproche de la demeure des hommes, c'est qu'il y trouve la nourriture qui lui convient et la chaleur qu'il aime ; mais l'homme met son égoïsme à la place de celui de l'insecte, et celui-ci, profitant de la méprise, qu'il ignore, est presque divinisé par l'hôte auquel il demande l'hospitalité.

CÉCILE. — Mon père, le crieri chante donc comme la cigale ?

M. DERVILLE. — Nous verrons plus tard que la cigale chante d'une autre manière que le grillon. Le grillon produit le bruit singulier qui lui a valu le surnom de *crieri*, en élevant ses élytres de manière à ce qu'ils forment un angle avec le corps ; alors il les frotte sur celui-ci pendant un temps plus ou moins long ; ce bruit a reçu, à tort, vous le voyez, le nom de *chant*.

CÉCILE. — Puisqu'il a des élytres, c'est donc un coléoptère?

M. DERVILLE. — Quand nous serons

plus avancés dans *l'étude* de l'histoire naturelle, nous trouverons aisément les raisons qui ont fait placer les blattes, les sauterelles, les grillons et les courtilières avec les orthoptères, et non pas avec les coléoptères.

MADAME DERVILLE. — Je connais, au moins de nom, la courtilière, qui cause tant de dégâts en coupant les racines des plantes potagères et des arbustes.

M. DERVILLE. — Et pourtant elle ne se nourrit guère que d'insectes. Mais elle a quelque chose de l'instinct de la taupe; il faut que, comme la taupe, elle se creuse des galeries souterraines; il faut aussi qu'elle se procure la terre convenable à la construction de la boule dans laquelle elle enferme ses œufs au nombre de près de trois cents. La ponte finie, la courtilière ferme soigneusement cette boule, la consolide, et prend soin de la rouler vers les lieux exposés au soleil dont la chaleur est nécessaire pour faire éclore les œufs. Croit-elle son trésor menacé de quelque danger, elle le ramène vers son terrier et l'y enfouit ; ses craintes dissipées, elle roule de nouveau sa boule de terre au soleil. A l'époque où ses œufs doivent éclore, elle place son nid ambulant à portée des lieux où les larves trouvent une nourriture convenable et abondante, puis elle abandonne sa petite famille qui n'aura nullement besoin d'elle pour se tirer d'affaire.

CÉCILE. — C'est pourtant bien triste pour ces pauvres petites bêtes, de ne connaître ni père ni mère ! »

Madame Derville attira sa fille près d'elle et l'embrassa tendrement.

— « Et ce serait bien triste aussi, reprit M. Derville en souriant, pour les parents, que la nécessité d'abandonner ainsi leurs enfants, si Dieu leur avait donné quelques-uns des sentiments qui distinguent surtout l'espèce humaine. Mais, dans sa sagesse, il ne leur a accordé que l'instinct nécessaire pour la conservation des espèces, en réservant à l'homme les facultés qui peuvent se développer par l'exercice, telles que l'affection des parents pour leurs enfants, et des enfants pour leurs parents ; telles encore le besoin et la possibilité de profiter des leçons de ses prédécesseurs et de marcher vers un but constant de perfectionnement. Voilà, ma fille, ce qui distingue particulièrement l'homme entre tous les êtres créés. C'est à son âme, à son intelligence, qu'il doit de pouvoir aspirer au titre dont souvent il se pare en croyant le justifier par l'abus qu'il fait de la force physique, le titre de ROI DE LA NATURE. »

CHAPITRE IV.

Le termès belliqueux. — Le termès des arbres —
Le termès voyageur. — Les céphalotes. — Les
mineuses. — Les fourmiliers. — Le fourmi-lion.

—

— « Mon père, dit Amédée qui dé-
sirait vivement de prolonger la veillée,
j'ai trouvé il y a quelque temps, dans
l'ouvrage anglais que tu m'as donné,
une foule de choses curieuses sur bien
des sujets, et surtout le récit d'un
combat de fourmis ailées aux Antilles.

Cécile. — Des fourmis ailées ! je n'en
ai jamais vu de cette espèce. Mon père,

est-ce que nous en avons en France qui ont des ailes ?

M. DERVILLE. — Laisse ton frère nous raconter d'abord le combat dont il parle ; les explications viendront après. Mon fils, nous t'écoutons.

AMÉDÉE. — Oh ! je ne me souviens pas assez bien de ce passage pour raconter ce combat sans avoir le volume sous les yeux...., ou bien la traduction que j'en ai faite. Mon père, veux-tu que je l'aille chercher ?

M. DERVILLE. — Ce sera pour demain. D'ici là, nous pouvons dire quelques mots des termites ou termès qui, dans les classifications de *l'histoire naturelle*, prennent rang avant les fourmis proprement dites, à cause de leurs ailes nerveuses.

Amédée. — Ce sont alors des névroptères.

M. Derville. — Très-bien, mon fils. Les fourmis, au contraire, ont des ailes *membraneuses*, de là le nom d'*hyménoptères*. Tâchez de vous en souvenir l'un et l'autre.

Cécile. — Ainsi, décidément, les fourmis ont des ailes !

M. Derville. — Le tour des fourmis viendra. Nous nous occupons ce soir des termes seulement, que quelques auteurs désignent aussi sous les dénominations de *pou de bois*, de *fourmi blanche*. Ils ont, en effet, beaucoup de rapport avec les fourmis par leurs mœurs, leur activité, leur industrie, leurs travaux, leur réunion en société, les quatre ailes qu'ils prennent à une certaine époque, les colonies qu'ils vont alors former, et enfin par quelques ressemblances dans l'extérieur.

MADAME DERVILLE. — N'est-ce point parmi les termites ou termès qu'on trouve des soldats uniquement chargés de défendre la république?

M. DERVILLE. — Le savant auteur Sparmann, qui a été à même d'observer les mœurs des termès dont on compte cinq espèces, rapporte que, dans le nid du termès *belliqueux*, on trouve un soldat par cent travailleurs. Les travailleurs, longs de trois lignes à peine, ont des mandibules conformées de manière à leur servir également pour porter à la bouche et pour retenir les corps qu'ils saisissent, tandis que les mandibules des soldats, très-pointues et en forme d'alène, ne sont propres qu'à percer, c'est-à-dire qu'à l'attaque et à la défense.

AMÉDÉE. — J'espère que voilà des insectes qui sont bien nés guerriers, et qui ne peuvent faire autre chose que se battre !

M. DERVILLE. — En ceci ils sont moins bien partagés que les travailleurs, puisque ces derniers peuvent non-seulement se rendre utiles par leurs travaux, mais aussi attaquer et défendre ; nous en aurons des preuves lorsque nous nous occuperons des combats que les termès se livrent de république à république, de même que les fourmis. Mais ne m'interrompez pas ainsi à chaque instant, mes enfants, et prêtez-moi, au contraire, toute votre attention. Nous allons prendre notre point de départ, pour suivre les travaux des termés, du moment où ceux qui sont parvenus à l'état parfait quittent le nid paternel, s'élancent dans les airs et vont fonder ailleurs de nouvelles colonies. Il en périt des milliers dans ce genre d'expéditions. C'est immédiatement avant la saison des pluies que les termès, débarrassés de leur enveloppe de nymphe qui retenait leurs ailes captives, partent joyeusement. Les travailleurs émigrent comme ceux qui n'ont d'autre soin à prendre que de donner des œufs. Ce sont les travailleurs qui bâtissent le nid, qui placent les œufs dans des cellules construites par eux, qui nourrissent les larves lorsqu'elles sont écloses. Sans les travailleurs, il n'y aurait pas de colonies possibles, point de demeures, point de provisions; et les princes, princesses, rois et reines de ce petit empire courraient le risque

de mourir de faim, ainsi que leur progéniture.

« Bien des dangers menacent sur la
route les termès voyageurs par air ou
par terre; d'abord les habitants de plusieurs contrées de l'Afrique en sont
très-friands ; les fourmis en sont friandes
aussi ; les oiseaux en font leur proie ;
et enfin les pluies, si violentes dans
ces contrées, les noient par milliers.
Ce n'est pas tout : les belles ailes qui
leur ont servi la veille à fuir si joyeusement le nid où ils sont nés, sont tom-
bées le lendemain avant le lever du soleil, et le termès belliqueux, ardent
hier au combat, audacieux, intrépide,
devenu tout-à-coup lâche et poltron,
ne sait plus aujourd'hui se défendre
contre les attaques des fourmis qui le
poursuivent sur les branches, sur la

terre, où il trouve encore des reptiles de plus d'une espèce, auxquels il offre une proie attrayante et facile. Aussi, de plusieurs millions qui vivaient la veille, il en reste à peine quelques couples pour conserver l'espèce.

Cécile. — Et les travailleurs, mon père, que deviennent-ils ?

M. Derville. — Les travailleurs, que rien n'a fait sortir momentanément de leur obscurité première, ont voyagé terre à terre, uniquement occupés de se défendre d'ennemis tout aussi nombreux, et de recueillir au moins un couple de leurs compagnons ailés. Ils n'y réussissent pas toujours sans avoir livré aux fourmis des combats souvent meurtriers des deux côtés. Dès qu'ils ont délivré deux termes ailés la veille, aujourd'hui dépouillés, fatigués, harcelés, ils construisent à la hâte, avec de l'argile, une petite chambre où ils les enferment, en laissant seulement une entrée suffisante pour donner passage à eux et aux soldats....

AMÉDÉE. — Ah ! les soldats émigrent donc aussi, mon père ?

M. DERVILLE. — Je t'ai dit que l'on compte un soldat pour cent travailleurs ; multiplie ces centaines de travailleurs par millions, et tu auras des milliers de soldats obligés d'aller, avec la population surabondante, chercher fortune ailleurs. Le couple, bien choyé, bien nourri, se refait promptement, et se laisse protéger, garder, *dorloter*. Bientôt, les soins des travailleurs sont récompensés ; en vingt-quatre heures ils ont à recueillir plus de quatre-vingt mille œufs. Des cellules ont été préparées d'avance pour la nombreuse famille si impatiemment attendue ; car la première chambre a été promptement entourée d'une multitude d'autres plus petites, et dont chacune ne contient qu'un œuf. C'est là qu'éclot un ver qui se transforme, plus tard, en une larve active ; le nombre des travailleurs augmente ; le nid s'agrandit, *les cadres de l'armée* se remplissent, et personne ne reste oisif dans la république.

Amédée. — Mon père, ils doivent être bien grands les nids des termés, pour contenir tant d'insectes ?

M. Derville. — Tu le devines aisément, mon fils. Quelques voyageurs assurent qu'ils forment des monticules assez élevés et assez solides pour qu'un bœuf sauvage s'en serve comme d'une espèce de piédestal d'où il domine sur

la plaine, où paît le troupeau ; c'est de
là qu'il veille à la sûreté de tous.

Cécile. — Et en dedans, mon père,
comment est-ce arrangé ?

M. Derville. — La chambre de la
mère de cette nombreuse famille est placée au niveau de la surface du sol, à
une égale distance de toutes les dépen-
dances du corps-de-logis, et en ligne
perpendiculaire sous le dôme. Celui-ci
présente, à l'extérieur et à l'intérieur,
une forte calotte qui se prolonge circu-
lairement jusqu'à terre. Autour de la
chambre maternelle, si je puis m'exprimer ainsi, sont les cellules occupées
par les œufs et par les larves ; les cloisons en sont faites avec des morceaux
de bois réunis ensemble au moyen d'une
sorte de gomme. Des galeries, plus lar-
ges que le calibre d'un gros canon,

descendent sous terre jusqu'à la profondeur de quatre pieds ; c'est là que les travailleurs vont chercher le gravier fin avec lequel sont construits les divers étages de l'édifice, à l'exception des chambres consacrées aux *nourrissons* et aux œufs. Un assez grand nombre de pièces servent de magasins ; on y trouve différentes espèces de gommes ou jus épaissis de plantes.

MADAME DERVILLE. — Quels travaux, quel ordre, quelle prévoyance !

M. DERVILLE. — Voilà ce que sait faire le termès belliqueux, et il donne à ses constructions une telle solidité que, pour renverser l'édifice, il faut l'attaquer par la base ; on ne parviendrait que bien difficilement à le briser. Le termès atroce, le termès mordant élèvent leurs nids, en forme de tourelles, à la hauteur de près de deux pieds, et les couvrent avec des toits également en dôme ; mais l'intérieur ne donne point, par sa distribution, une idée aussi haute *du génie* de l'architecte que la vue de l'intérieur du nid du termès belliqueux. Vient ensuite le termès des arbres. Celui-ci n'emploie que de petites parties de bois, et, pour ciment, la gomme enlevée aux arbres à mesure qu'elle coule. Avec ces matériaux fragiles et simples, ces termès forment sur les arbres des nids sphériques tenant à une seule branche qu'ils entourent quelquefois jusqu'à soixante ou quatre-vingts pieds de haut. On en a vu, mais rarement, d'aussi gros qu'une barrique à sucre. Si les termès des arbres choisissent le toit d'une maison pour y établir leur demeure, on peut être assuré qu'ils feront de grands dégâts; moins grands cependant que les termés belliqueux, qui creusent la terre sous les fondations, s'introduisent dans les poteaux sur lesquels s'appuient les poutres, les solives, et les percent, les vident, d'un bout à l'autre, sans que rien trahisse au dehors des travaux dont le résultat est de faire crouler un beau jour maison ou magasin.

CÉCILE. — Ah! les vilaines bêtes!

AMÉDÉE. — Mais, mon père, pourquoi a-t-on appelé *belliqueux* les termés qui bâtissent en terre? Est-ce qu'ils se battent plus souvent que les autres?

M. DERVILLE. — C'est probable ; quand on touche à leur nid, les soldats se présentent aussitôt à l'entrée pour le défendre. Ils mordent tout ce qu'ils peuvent atteindre, et s'ils saisissent à la

main, au pied, à la jambe l'agresseur,
ils se laisseront arracher par morceaux
plutôt que de lâcher prise. Une agita-
tion extrême règne pendant ce temps
dans tout le nid ; l'ennemi une fois éloi-
gné, les soldats rentrent dans le fort et
le calme succède à l'inquiétude et aux
fureurs.

AMÉDÉE. — Si je demeurais en Afrique, je voudrais mettre plus d'une fois
à l'épreuve la bravoure des termès belliqueux.

M. DERVILLE. — Une autre espèce,
non moins brave et non moins curieuse
à observer, mais beaucoup plus rare,
c'est celle des termès voyageurs. Il faut
les entendre, dans une épaisse forêt,
s'annoncer par un sifflement ; aussitôt
ils sortent de terre, à la suite l'un de
l'autre, se forment en une troupe de

vingt à vingt-quatre de front, puis se divisent en deux colonnes d'égale force ; ce sont des travailleurs auxquels se trouvent mêlés quelques soldats ; ceux-ci se placent bientôt de chaque côté de la ligne, à un ou deux pieds de distance, comme pour protéger la marche ; d'autres montant sur des plantes, arrivent à la pointe de quelque feuille, où ils se tiennent en vedettes ; de temps en temps, avec leurs pattes, ils frappent sur le feuillage ; l'armée entière répond au signal par un sifflement, et hâte le pas. Si l'alarme est grande, en quelques instants la troupe a disparu par des trous ouverts sous l'herbe ; sinon, elle se contente d'avancer de plus en plus vite.

Cécile. — Mon père, où vont donc ainsi les termès voyageurs ?

M. Derville. — Ils vont chercher le gibier qui leur manque. Certaines espèces ne craignent pas d'attaquer des moutons, des chèvres ; ils les accablent par le nombre , les harcèlent, les épuisent à force de blessures , et, en une seule nuit, ils les dévorent si complétement, que le lendemain on n'en trouve plus que le squelette. Cette espèce de termès , particulière à la Guinée , est fort redoutée des habitants, dont elle n'épargne pas les maisons ; extrèmement adroite à évider les poteaux, les solives, elle les réduit à ne plus présenter, à l'intérieur, que des cloisons délicates et si fragiles , qu'il suffit de toucher de la main un poteau ainsi travaillé , pour qu'il tombe en poussière.

Cécile. — Je le crois bien, qu'on les redoute, ces *travailleurs !*

M. Derville. — A Surinam, au contraire, on désire l'arrivée des termés voyageurs nommés par les Portugais *fourmis visiteuses*. Lorsqu'on les voit paraître, on s'empresse d'ouvrir les buffets, les armoires, afin qu'elles puissent plus commodément trouver les rats, les reptiles, les araignées énormes et tous les insectes nuisibles qu'elles exterminent et dévorent.

Cécile. — Quelle différence entre deux espèces ! c'est bien singulier !

M. Derville. — La seule différence réelle que j'y trouve, c'est celle du *gibier* que chassent les termés voyageurs de Guinée, et les termés voyageurs de Surinam ; car, au fond, leur naturel carnassier est le même et leur goût pour les voyages le même aussi.

CÉCILE. — Mon père, ils viennent dans les maisons deux ou trois fois l'année, n'est-ce pas ?

M. DERVILLE. — Non, ma fille ; les *fourmis visiteuses* sont quelquefois trois années entières sans se montrer, ce qui désole les habitants.

CÉCILE. — Pourquoi donc ne viennent-elles pas, puisqu'on les reçoit si bien ?

M. DERVILLE. — Parce qu'elles ne cherchent la demeure de l'homme que faute de trouver ailleurs en assez grande abondance la nourriture qui leur convient.

MADAME DERVILLE, *en riant.* — Ce sont des ingrates et des égoïstes, n'est-il pas vrai, ma fille ? »

Cécile allait répondre à l'étourdie, comme de coutume ; mais elle s'interrompit dès le premier mot à peine prononcé, et elle dit : « Non, maman, les fourmis visiteuses ne sont point des ingrates, car ce n'est pas pour leur faire plaisir qu'on leur ouvre les armoires et les buffets, mais parce qu'elles rendent service aux habitants en mangeant tant de bêtes nuisibles.

M. DERVILLE. — Il y a donc égoïsme des deux côtés, partant quitte. Puisque les termès nous ont conduits à parler des fourmis étrangères, je veux vous dire ce qu'on a observé des mœurs de quelques espèces assez singulières ; nous nous occuperons des fourmis d'Europe quand nous serons arrivés aux hyménoptères dans lesquels elles ont été classées à cause de leurs ailes membraneuses, je vous l'ai déjà dit. Surinam nous offre encore une espèce de fourmis voyageuses, les céphalotes, qui habitent sous terre à sept ou huit pieds de profondeur. Elles sont de grande taille, mais point carnassières ; elles se nourrissent, ainsi que leurs petits, de feuillage, et une nuit leur suffit pour dépouiller plusieurs arbres. Quand le feuillage manque, elles se mettent en course pour en aller chercher ailleurs. On les voit alors, pour franchir un courant d'eau, former un pont très-singulier. La première s'attache fortement à l'extrémité d'une branche d'arbre ; une autre vient s'attacher à la première, une troisième à la seconde, et ainsi de suite, de façon à faire un long cordon qui ondule au souffle du vent et se donne à lui-même le plus de mouvement possible afin d'atteindre de l'autre côté de la rive. Les fourmis et le vent aidant, la dernière de ce long cordon parvient à saisir enfin une autre branche, s'y cramponne, et voilà le pont jeté. Toute l'armée y passe ; la première fourmi qui s'était attachée, devenue alors la dernière, lâche prise, se laisse entraîner à son tour par le vent, et arrive à son tour sur la rive opposée où l'on se remet en bon ordre pour continuer la route.

AMÉDÉE. — C'est une jolie invention que celle-là.

MADAME DERVILLE. — Il me semble avoir lu quelque part, que les singes emploient le même moyen.

M. DERVILLE. — Pas positivement le même ; ils forment en effet, en s'attachant les uns aux autres, un long cor-

don ; mais ils se contentent de lui donner le mouvement en se brancelant, et
quand le dernier attaché a pu saisir
une partie de rocher, une branche d'arbre, un objet élevé et solide en un
mot, il tire à lui tous ses camarades.

AMÉDÉE. — Mon père, une chose
que je ne comprends pas, c'est comment
les fourmis s'y prennent pour s'ouvrir
des galeries et des souterrains dans la
terre ?

M. DERVILLE. — Comment, toi qui
appartiens à l'espéce la mieux organi-
sée et la plus apte à *inventer* tous les
travaux dont *l'instinct* donne le secret
aux animaux, tu as besoin qu'on te
dise que les fourmis mineuses du Mexique, par exemple, comme toutes les
fourmis qui creusent la terre, rejettent

au dehors cette terre à mesure qu'elles l'enlèvent ?

AMÉDÉE. — Pour ceci, mon père, je le devine bien ; mais comment font-elles pour consolider leurs galeries, pour empêcher les éboulements ?

CÉCILE. — Comme on fait Angleterre pour le tunnel qui doit passer sous la Tamise.

AMÉDÉE. — Voilà une belle réponse ! Est-ce que les fourmis ont des échafaudages, du ciment ?

M. DERVILLE. — Il me semble que des échafaudages sont parfaitement inutiles pour qui peut marcher sur un plan perpendiculaire ou incliné, ou la tête et le corps en bas, et les pattes en haut. Quant au ciment, les fourmis en possèdent presque toutes et peuvent le secréter, de même que les chenilles et les araignées secrètent la soie. Je te dirai cependant, mon fils, puisque une explication te paraît nécessaire, qu'à mesure que s'exécute le travail des mineuses, s'exécute aussi celui des architectes. Les travailleuses sont placées sur deux rangs. L'une porte dans ses mandibules la terre qui doit servir au ciment; elle l'applique sur les parois à l'ouverture du souterrain, l'autre dégorge aussitôt une matière visqueuse, et toutes deux se mettant à pétrir, mêlent ensemble la terre et la liqueur visqueuse et font prendre à ce ciment la forme arrondie de la voûte qui doit régner tout du long du souterrain. Aussitôt leurs provisions épuisées, les deux travailleuses se retirent à la queue de la longue colonne; deux autres les remplacent, répètent les mêmes opérations, et vont à leur tour rejoindre les deux premières. Ce travail, dirigé par un chef, s'exécute avec tant d'ordre, qu'un grand nombre de mineuses peuvent travailler à la fois dans un espace fort resserré, sans se gêner l'une l'autre ; et la besogne avance avec une vitesse merveilleuse.

CÉCILE. — Mon père, nos fourmis sont aussi habiles, n'est-ce pas?

M. DERVILLE. — C'est ce que nous saurons demain. Les Mexicains seraient charmés que leurs mineuses le fussent beaucoup moins, car il n'est pas facile de se garantir d'un ennemi qui fait soudain irruption dans les maisons, sans qu'on sache comment, ni par où; qui enlève de la même manière les graines qu'on vient de semer, qui se répand partout, infecte les provisions de bouche, huiles, confitures, graisses, qui

couvre tout-à-coup une table bien ser-
vie en mettant en fuite, par le *parfum*
que l'armée entière exhale, tous les
convives, et qui arrive jusque dans les
lits d'où les mineuses, par leurs mor-
sures, chassent les dormeurs.

CÉCILE. — Ah! les indignes bêtes!

AMÉDÉE. — Mais, mon père, on doit
avoir pourtant des moyens de s'en garantir ?

M. DERVILLE. — Les Mexicains n'en
connaissent d'autre que s'installer pour
la nuit dans des espèces d'îles artifi-
cielles, c'est-à-dire, de s'entourer d'eau.

CÉCILE. — Heureusement que les mineuses ne savent point faire un pont à la
façon des céphalotes ; autrement toute
cette eau ne servirait de rien. Mon
père, il me semble que c'est à présent

que je peux le prier de nous raconter comment le lion des fourmis fait pour les prendre ? Il doit être bien plus gros dans les Indes, dans l'Afrique que dans l'Europe, puisque les fourmis y sont plus grosses que les nôtres ?

M. DERVILLE. — Ta question, mon enfant, vient d'autant plus à propos que le *fourmi-lion*, ou *myrméléon*, ou *formica-leo*, car on lui donne indifféremment ces trois noms qui signifient tous la même chose, appartient à l'ordre des névroptères dont les termés font eux-mêmes partie. Je ne sache pas que le myrméléon ait été observé ailleurs qu'en Europe ; mais, dans l'Afrique, dans les Indes, au Mexique, il existe, comme tu l'as deviné, des *lions* qui dévorent les fourmis. Ce ne sont point des *insectes* comme notre myrméléon ; quelques mul-

tipliés qu'on pût les supposer, ils n'y
suffiraient pas ; ce sont les oiseaux en
général, et, en particulier, le roi des
fourmiliers, bien plus vigoureux, bien
plus vorace que notre pic ; son bec
redoutable entame les nids les plus solides ; ce sont encore le grand et le petit
tamanoirs, quadrupèdes étranges dont
le museau se termine en une sorte de
trompe renfermant une langue longue
de deux à trois pieds, roulée sur elle-
même, et qui, se déroulant à la volonté
de l'animal, pénètre sans effort par l'ouverture du nid, dans la demeure du
termès belliqueux, du termès atroce, du
termès mordant, du termès des arbres,
de tous les termès enfin. Quelquefois
le fourmilier, avec ses grosses pattes de
devant armées de griffes tranchantes,
fait si bien en attaquant les fondations
des nids des termès, qu'il les renverse,

et alors il peut à loisir plonger sa langue gluante au milieu de tout ce peuple en émoi et avaler travailleurs et soldats par milliers. D'autres fois, quand il est dans ses jours de paresse, il se contente de l'allonger à travers un sentier que son instinct lui dit être fréquenté par les fourmis, ou voisin d'une fourmilière de voyageuses ou de mineuses; elles montent une à une, puis deux à deux sur cet obstacle inconnu; peu à peu elles arrivent en plus grand nombre, s'engluent, ne peuvent plus se dégager, et le tamanoir faisant rentrer sa langue, les avale par *fournées*, si je puis m'exprimer ainsi.

Amédée. — A la bonne heure! Oh! j'étais sûr que Dieu aurait placé le remède auprès du mal, mais je suis bien aise de le savoir.

M. Derville. — Dans notre Europe, les ennemis des fourmis ne manquent pas ; on leur en connaît plus d'un ; mais celui qui a particulièrement attiré les regards par son industrie, c'est le myr-méléon dont je vous ai dit un mot déjà. Ce singulier petit animal, qui n'est guère plus gros qu'un cloporte, ne mar-che jamais qu'à reculons et toujours dans le sable. Il s'y creuse un trou en forme d'entonnoir, besogne peu facile et qui exige de sa part bien des travaux ; puis, caché tout au fond et ne laissant paraître qu'une partie de sa tête armée de mandibules, il attend patiemment que quelque fourmi imprudente, cou-rant à l'aventure, vienne jusqu'au bord du *précipice* ; le sable mouvant s'éboule sous les pattes de la victime ; celle-ci, quelquefois, se débat et paraît prête à s'échapper : alors le myrméléon lui lance , avec sa tête, une pluie de **sable** qui l'étourdit, l'entraîne, et il s'en saisit avec les mandibules qui lui servent aussi de suçoir.

Madame Derville. — Le jardinier m'a montré, l'autre jour, qu'il y a des fosses de fourmis-lions au pied du vieux mur au midi : nous pourrons les aller voir si vous voulez, mes enfants.

Cécile. — Oh! quel bonheur! Mais pourvu que le jardinier ne les détruise pas !

Madame Derville. — Ne crains rien pour les fosses des fourmis-lions ; le jardinier les protége, parce que ce sont les ennemis des fourmis qu'il poursuit à outrance.

Amédée. — Il y a, sans doute, aussi

des fourmilières dans le jardin? J'en voudrais bien voir une !

M. DERVILLE. — Tâche d'en découvrir ; je doute cependant que tu y réussisses, car maître Jean est impitoyable pour ces insectes ; ils ne font cependant pas autant de mal aux plantes que les vers blancs et les chenilles. Si nous n'en trouvons pas dans le jardin, nous en pourrons aller chercher ailleurs. Mais profitez de l'occasion pour exercer votre patience dans l'observation des travaux du myrméléon. Vous trouverez sa fosse toujours propre. Dès que son repas est fini, il a soin de lancer au dehors et assez loin la dépouille de la fourmi, de la chenille, de l'araignée, de la mouche même, que son adresse lui a procuré pour gibier ; il rejette aussi le sable qui a roulé avec elle ; puis il se cache de nouveau, et attend ce que sa bonne fortune lui amènera.... A demain, mes enfants, quelques-uns des hyménoptères. Prenez des notes, mettez-y tous vos soins; nous avons parlé de beaucoup d'insectes ce soir.... Prouvez-moi que vous avez bonne mémoire. »

Nid de Bourdons des mousses. — Bourdons des mousses.

Récolte de la Cochenille dans une nopalerie.

CHAPITRE V.

Les abeilles. — Le bourdon des mousses — Les phyllotomes. — L'abeille perce-bois. — La guêpe. — Langage des fourmis. — Attaque et prise d'une fourmilière.

—

— « Mon père, dit Cécile le lendemain soir, tu n'oublieras pas de nous parler des abeilles, n'est-ce pas?

— « Oublier de parler des abeilles! s'écria M. Derville en riant, ce serait un peu fort!

. Cécile. — C'est que tu ne nous en as encore rien dit jusqu'à présent. J'ai lu une foule de choses sur les abeilles, mais je n'ai rien trouvé du tout sur la manière dont elles fabriquent la cire et le miel, c'est ce que je voudrais pourtant bien savoir!

Amédée. — Et moi aussi.

M. Derville. — Il est probable que vous avez lu sans beaucoup d'attention *celle foule de choses* dont parle Cécile, et que vous avez passé ce qui vous paraissait *trop sérieux* pour ne vous arrêter qu'à ce qui vous paraissait *amusant;* c'est assez ordinairement ainsi qu'en agissent certains enfants de ma connaissance.

Amédée. — Mon père, Cécile a raison, tu peux m'en croire. Dans nos livres il y a beaucoup de récits merveilleux sur le *gouvernement* des ruches, mais on n'y parle pas du tout de la fabrication du miel et de la cire; ce qui pourtant est fort bon à savoir.

M. Derville. — L'un de vous a-t-il eu l'occasion de voir de près des ouvrières? Je dis des *ouvrières*, parce que les ouvrières, les mâles et les femelles, si elles se ressemblent par les couleurs et par les poils dont leur corps est tout couvert, ne se ressemblent ni pour la forme, ni pour la grosseur. Le mâle est gros et court; la femelle a le corps allongé, surtout dans la partie inférieure. l'ouvrière est de moyenne taille et son corps se trouve divisé en deux parties à peu près égales.

Cécile. — J'ai bien eu l'occasion de *voir* des abeilles; mais j'avais tant de peur de leur aiguillon, que je n'ai pas osé les examiner de trop près.

Amédée. — Moi aussi, mon père, j'en ai vu, mais, comme Cécile, d'un peu loin.

M. DERVILLE. — J'espère que maintenant votre *amour* pour l'étude de *l'histoire naturelle*, vous portera à chercher de nouvelles occasions de les examiner *de près*. Les mâles et les femelles, chez les abeilles, de même que chez les termès et les fourmis, ne travaillent point ; les ouvrières seules construisent les gâteaux de cire, remplissent de miel les cellules appelées alvéoles, placent dans d'autres alvéoles les œufs pondus par la femelle, et nourrissent les larves qui en sortent. Vous qui savez déjà, mes enfants, que les instruments nécessaires à l'exercice de son industrie particulière ont été donnés à chaque insecte, vous devinez, sans qu'il soit besoin que je vous le dise, que chez les abeilles ouvrières, de même que chez les ouvrières des termès et des fourmis, la construction physique extérieure et intérieure ne peut pas être absolument la même que chez les mâles et les femelles ; puisque les unes doivent produire de la cire, du miel, des matières visqueuses propres aux travaux de construction , tandis que les autres ne produisent que des œufs. Vous ne verrez donc point un faux bourdon, une reine se rouler dans le calice des fleurs pour enlever le pollen. Ils ne sauraient qu'en faire ; l'ouvrière, au contraire, en connaît la valeur, et c'est elle qu'on voit souvent retourner à la ruche les deux pattes de derrière chargées chacune d'une petite pelote jaune ou roussâtre, suivant les fleurs sur lesquelles elle est allée butiner.

AMÉDÉE.—Mais, mon père, comment forme-t-elle ces deux pelottes et les attache-t-elle à ses pattes?

M. DERVILLE. — Elle passe les pattes

de devant sur tout son corps couvert de poils ; celui-ci s'est chargé de pollen pendant qu'elle se roulait dans le calice de la fleur. Le pollen ainsi réuni, est placé dans la cavité appelée *cuilleron*, que présentent, à leur partie inférieure, les deux dernières jambes. Arrivée à la ruche, l'abeille détache ces deux petites pelottes, les avale, les digère, et dégorge par la trompe une sorte de matière très-molle d'abord, qui, ensuite, se durcit à l'air ; voilà la cire faite.

Cécile. — Eh ! bien, je n'avais pas deviné du tout, mon père... Je m'étais imaginé... je ne sais quoi au fait, car, en y pensant, je vois que je n'avais rien pensé, si ce n'est que les abeilles faisaient de la cire et du miel parce qu'on me l'avait dit.

M. Derville. — On ne peut rendre

mieux, par *le vague* de l'expression, le vague de *la pensée*; autant valait, mon enfant, ne rien dire du tout. C'est par la partie supérieure de la ruche que les abeilles cirières commencent leurs travaux. Je ne vous les décrirai pas aujourd'hui parce que je veux vous faire voir d'abord ce qu'on appelle un gâteau ou rayon de miel. M. Darvin, grand amateur d'abeilles, a promis de m'en envoyer ces jours-ci; alors vous pourrez admirer la délicatesse infinie de ce travail et la régularité des cellules dont le rayon se compose. La principale affaire des ouvrières, quand une ruche se fonde, c'est d'établir ces cellules, ces alvéoles dont elles ont besoin pour placer les œufs que la reine va leur donner. Si elles sont pressées par le moment de la ponte, qui a lieu quelquefois avant que les rayons soient prêts, elles ne donnent aux alvéoles que la moitié de la profondeur que celles-ci doivent avoir, se réservant d'achever leurs travaux quand toutes les alvéoles dont elles ont besoin seront ébauchées et en état de recevoir du moins les œufs.

MADAME DERVILLE. — J'ai lu dans ma jeunesse, l'ouvrage de Hubert l'aveugle, sur les abeilles, et c'est de ce moment seulement que j'ai compris combien l'homme est injuste de refuser, dans son orgueil, aux autres êtres de la création, l'intelligence et la pensée. Si Dieu les leur avait refusées comme lui, comment les espèces qu'il a créées pourraient-elles surmonter les obstacles que mille circonstances inattendues opposent aux travaux nécessaires à leur multiplication et à leur conservation ?

M. DERVILLE. — Et cette multiplication, cette conservation, étant le but principal offert aux animaux, l'homme est non-seulement orgueilleux, mais il est injuste et il manque au respect dû à la divinité quand il prétend ne trouver en eux que des machines plus ou moins bien organisées pour atteindre ce but ; de simples machines ne sauraient pas former les combinaisons nécessitées par les obstacles dont tu parles, ma chère amie, et des milliers d'individus périraient dans l'œuf ; et cette cause nouvelle de destruction s'unissant à tant d'autres causes, les espèces disparaîtraient peu à peu.... Il y a de la grandeur dans tous les ouvrages du Créateur, et une grandeur durable, parce qu'elle se fonde sur une justice égale pour tous. L'homme peut la sentir du moins s'il ne peut toujours la concevoir tout entière.

CÉCILE. — Mon père, les abeilles font

apparemment le miel comme elles font la cire?

M. DERVILLE. — Elles la dégorgent de la même manière. Quant au travail intérieur qui produit la cire et à celui qui produit le miel, tu dois comprendre, mon enfant, qu'il ne saurait être absolument *le même* ; mais ceci est un mystère qu'il n'est pas permis à l'homme de pénétrer. Ce qu'on sait certainement, c'est que la cire est le produit de la poussière fécondante des fleurs ; de ce pollen jaune , rouge, dont les étamines sont chargées ; tandis que le miel est le produit de la liqueur sucrée contenue dans les glandes des fleurs désignées par les naturalistes sous le nom général de *nectaire*. Les abeilles pompent la liqueur sucrée contenue dans le nectaire, et la dégorgent transformée en miel plus ou moins liquide. Mais tandis que la cire retient une grande partie du parfum des fleurs sur lesquelles le pollen a été recueilli, le miel conserve peu de celui de la fleur dans le nectaire de laquelle il a été pompé; il ne se durcit que très-difficilement à l'air; il ne fermente point, et ainsi on peut le conserver très-longtemps.

Amédée. — J'espère que voilà des différences qui prouvent que le travail de la digestion, pour la cire et pour le miel, n'est point le même ! Mais, mon père, il y a aussi plusieurs espèces de cire ?

M. Derville. — Tu dois comprendre, mon fils, que, suivant la nature des fleurs, celle du pollen varie, et, par conséquent, la qualité de la cire; il en est de même pour le miel. Suivant la contrée habitée par les abeilles, la cire est plus ou moins jaune, et le miel est brun ou presque blanc. Mais, surtout, l'extérieur des rayons est formé d'une matière particulière qu'on désigne sous le nom de *propolis*, et qui acquiert une solidité à laquelle la cire ne peut jamais atteindre. Je crois qu'on ne sait pas positivement sur quelles plantes les abeilles ouvrières vont recueillir *les in-grédiens* nécessaires à la fabrication du propolis ; mais lorsqu'elles reviennent chargées de cette matière résineuse, odorante et de couleur brune, il leur faut le secours de leurs compagnes pour en débarrasser leurs pattes. On les voit alors l'enlever avec les mâchoires, et avec précaution, par petites parties, de la cavité des jambes, appelée *cuil-leron*, qui est placée entre la dernière articulation des pattes de derrière et l'extrémité de la patte appelée *le tarse* ; c'est dans le cuilleron qu'elles réunissent aussi le pollen des fleurs.

Amédée. — Mon père, j'ai lu que les abeilles ne souffrent point de faux bourdon dans la ruche, ni deux reines ; j'ai lu encore que les cellules qui sont pour les larves de reine sont bien plus grandes que celles des abeilles ordinaires, et que les ouvrières donnent à ces larves une meilleure nourriture, tout cela est-il vrai ?

M. Derville. — Oui, mon fils. L'abeille forme une nation ailée extrêmement remarquable par son industrie, ses mœurs, son intelligence, l'ordre qu'elle établit dans sa demeure, ses tendres soins pour sa reine, pour les jeunes larves, son courage et son dévouement à la chose publique. Je ne vous en dirai cependant pas davantage aujourd'hui sur son compte, parce que **je** veux vous parler de quelques autres hyménoptères; mais nous aurons des ruches à nous l'année prochaine, et prenant pour guide le livre de Huber, nous vérifierons ses remarques, peut-être même en ferons-nous de nouvelles.

CÉCILE. — Nous aurons des ruches! ah! que je suis contente!

AMÉDÉE. — Mon père, si tu veux bien le permettre, j'ai encore une question pourtant à te faire. Est-ce que les larves des abeilles se transforment en nymphes avant que de devenir mouches?

M. DERVILLE. — La transformation des larves en nymphes est une condition indispensable pour l'insecte avant que de passer à l'état parfait. La larve de l'abeille devient nymphe après qu'elle s'est filé un cocon. Dès que les ouvrières s'aperçoivent qu'il y a des larves qui filent, elles ferment la cellule de chaque fileuse au moyen d'un petit couvercle de cire légèrement bombé, et cessent de s'en occuper. Au bout de huit jours, l'insecte, arrivé à l'état parfait, brise, avec ses mâchoires, le couvercle qui le tenait captif, et sort de sa prison, encore tout humide, comme le papillon sort de sa chrysalide; aussitôt les ouvrières viennent l'entourer, lui offrir de la nourriture en dégorgeant par la trompe une petite quantité de miel, et elles l'aident à se sécher.

Cécile. — Et nous verrons tout cela! oh! quel bonheur!

M. Derville. — En attendant que

nous puissions *voir* ce qui se passe dans les ruches, nous pouvons, en regardant à nos pieds, lors de nos promenades dans les prairies de sainfoin ou de luzerne, *voir* des choses assez curieuses : le bourdon des mousses entre autres, qui élève son nid de cinq à six pouces au-dessus de la surface du sol, et qui, pour le dérober à tous les regards, le recouvre soigneusement de mousse. Mais ce n'est pas une petite besogne que d'apporter cette mousse, ou plutôt de la conduire au nid ! Après l'avoir coupée avec leurs mandibules, les bourdons la réunissent en petits tas, et, tournant le dos au nid, ils prennent, entre leurs mandibules, un de ces petits tas et le font passer par dessus leur tête ; alors la première paire de pattes s'en saisit et le conduit jusqu'à la dernière paire de pattes qui le pousse au delà du corps ; un autre bourdon est derrière ; il fait le même manége ; par le moyen de cette espèce de chaîne, le petit tas de mousse arrive au nid. Là se trouvent d'autres bourdons qui s'occupent à tresser la mousse pour s'en servir non-seulement à couvrir l'extérieur du nid sur lequel ils la fixent au moyen de leur cire, mais aussi pour en tapisser l'intérieur.

CÉCILE. — Et moi qui croyais que les bourdons étaient de grosses vilaines bêtes incapables de faire autre chose que de vous piquer et de manger le miel des bonnes abeilles !

M. DERVILLE. — Une autre espèce de bourdons, les phyllotomes, se creusent des maisons dans la terre et les tapissent avec des feuilles d'arbrisseaux, ou des pétales de fleurs. Leurs dents en ciseaux leur servent à détacher des pétales d'un coquelicot, d'une rose, puis ils les découpent de différentes manières et les collent, au moyen d'un peu de cire, aux parois de leur demeure ; à l'entrée, ils forment, avec ces mêmes pétales découpées, un joli rebord ; c'est dans cet élégant berceau que les petits éclosent.

CÉCILE. — Oh ! qu'il y a de jolies choses dans l'histoire naturelle !

MADAME DERVILLE. — Tu nous a parlé, mon ami, des termes des arbres qui creusent le bois avec beaucoup d'adresse ; mais il me semble avoir entendu dire que nous avons en France des abeilles *perce-bois* ; non moins habiles ?

M. DERVILLE. — On n'en connait en Europe qu'une seule espèce qui a été soigneusement observée par Réaumur. Elle possède, en effet, un très-*joli ta-*

lent pour creuser, avec ses mâchoires dans le bois mort , des trous qui ont quelquefois jusqu'à un pied de profondeur. C'est la femelle qui fait ce travail, de même que c'est aussi la femelle du phyllotome qui ouvre son nid souterrain et le garnit de fleurs. L'abeille perce-bois, dépose un œuf tout au fond du trou qu'elle vient de creuser, et y met assez de l'espèce de miel appelée *pâtée*, pour que la larve, au sortir de l'œuf, trouve de quoi vivre jusqu'à sa métamorphose en insecte parfait ; avec de la sciure de bois et un peu de cire, elle entoure le tout d'une enveloppe solide ; puis, elle pond un second œuf, prépare les provisions de la larve à venir, et l'enveloppe de même ; pendant deux mois elle est occupée à remplir ainsi, jusqu'à l'orifice , le trou qu'elle a creusé.

CÉCILE. — Mais, mon père, comment les petites abeilles perce-bois feront-elles pour sortir de ce nid ainsi arrangé?

M. DERVILLE. — Elles feront ce que leur nom t'indique; elles perceront le bois, et s'exerceront ainsi dès en naissant, pour ainsi dire, aux travaux que plus tard elles seront appelées à exécuter à leur tour.

AMÉDÉE. — Mon père, le jardinier m'a montré l'autre jour un nid de guêpes qu'il venait de trouver entre la haie et le mur du jardin; il m'a dit que c'est absolument de la même façon que les abeilles construisent leurs gâteaux, sauf que ceux-ci ne sont point de couleur grise.

M. DERVILLE. — Les différentes espèces de guêpes construisent leurs nids de diverses manières. Il en est qui le suspendent à une branche d'arbre, et qui lui donnent la forme d'une rose dite à cent feuilles; les pétales sont détachées les unes des autres et composées d'une sorte de carton plus ou moins mince, mais toujours de couleur grise.

CÉCILE. — Mon père, elles savent donc trouver du papier pour faire ce carton?

M. DERVILLE. — Le vieux bois qu'elles coupent et mâchent jusqu'à le réduire en une pâte de la consistance de celle de carton, suffit à fournir la matière première qu'elles ont ensuite l'industrie de diviser, d'étendre, d'aplatir, d'amincir à leur volonté ou d'arrondir, suivant le besoin; car, en fait de constructions et de travaux, de quelque genre

que ce soit, les animaux obéissent à un
instinct toujours sûr, et non pas à leur
fantaisie. L'histoire des différentes espèces de guêpes et de leurs industries,
est aussi curieuse, mes enfants, que
celle des abeilles ; mais elle paraît
moins intéressante, parce que les guêpes, loin de nous être d'aucune utilité,
ne se présentent jamais que comme des
parasites importuns au moins ; il en est
de même des fourmis dont je vous dirai
seulement quelques mots, tandis qu'il y
aurait des volumes à faire sur les travaux, sur la manière de vivre de ces
petits animaux qui, sans autre secours
que leurs antennes, dont elles se servent
si constamment, trouvent moyen de se
communiquer leurs idées, toutes rela-
tives à la conservation et à la prospérité
de la colonie.

Madame Derville. — J'en ai eu la pensée chaque fois que je me suis amusée à regarder des fourmis aller et venir autour du lieu où je supposais que devait être une fourmilière.

M. Derville. — Et le fils de ce Hubert, si célèbre par ses recherches sur les abeilles, en a acquis, on peut le dire, la certitude. Plus heureux que son père, il n'a pas eu besoin de recourir aux yeux d'autrui pour voir l'usage que les fourmis font de leurs antennes.

Cécile. — Comment, mon père, recourir aux *yeux d'autrui ?*

M. Derville. — Oui, mon enfant, Hubert le père était aveugle; mais il avait auprès de lui un serviteur dévoué et fidèle qui *savait voir*, et qui lui rapportait, avec une exactitude scrupuleuse,

les observations qu'il faisait aussi soigneusement, aussi curieusement que
l'aurait pu faire son maître. Mais Hubert le fils a vu par lui-même ce qu'il
raconte au sujet du *langage antennal*
des fourmis. Voici ce qu'il en dit :
« Nous les avons vues faire un usage
« fréquent de leurs antennes, sur le
« champ de bataille, pour jeter l'alarme
« parmi leurs compagnes, et pour se
« distinguer de leurs ennemis ; au sein
« de la fourmilière, pour s'avertir de
« la présence du soleil, si favorable au
« développement des larves ; dans leurs
« courses et leurs émigrations, pour
« s'indiquer mutuellement la route ;
« dans le recrutement, pour décider le
« départ. »

Amédée. — Elles se battent donc,
mon père ?

M. Derville. — Certaines espèces
sont éminemment belliqueuses, ou pour
mieux dire conquérantes. Telle est, en
particulier, la fourmi sanguine, qui fait
la chasse aux fourmis cendrées, plus
petites qu'elles. Je vais vous citer ce
qu'Hubert raconte de la prise d'une
fourmilière de fourmies cendrées, par
des fourmis sanguines.

« Le 15 juillet au matin, la fourmi-
« lière sanguine envoie en avant une
« poignée de ses guerriers. Cette petite
« troupe marche à la hâte jusqu'à l'en-
« trée du nid des fourmis cendrées...
« Elle se disperse autour de ce nid. Les
« habitants aperçoivent ces étrangères,
« sortent en foule pour les attaquer et
« en emmènent plusieurs en captivité ;
« mais les sanguines ne s'avancent plus ;
« elles paraissent attendre du secours ;

« de moment en moment je vois arri-
« ver de petites bandes de ces insectes
« qui partent de la fourmilière sanguine
« et viennent renforcer la première bri-
« gade. Elles s'avancent alors un peu
« davantage et semblent risquer plus
« volontiers d'en venir aux prises ; mais
« plus elles approchent des assiégées,
« plus elles paraissent empressées à
« envoyer à leur nid des espèces de
« courriers. Ces fourmis arrivent en
« hâte, jettent l'alarme dans la fourmi-
« lière, et aussitôt un nouvel essaim
« part et marche à l'ennemi. Les san-
« guines ne se pressent point encore
« de chercher le combat ; elles n'alar-
« ment les noires cendrées que par leur
« seule présence. Celles-ci occupent un
« espace de deux pieds carrés au-devant
« de leur fourmilière ; la plus grande
« partie de la nation est sortie pour

« attendre l'ennemi. Tout autour du
« camp, on commence à voir de fré-
« quentes escarmouches, et ce sont tou-
« jours les assiégées qui attaquent les
« assiégeantes. Le nombre des noires
« cendrées, assez considérable, annonce
« une vigoureuse résistance ; mais elles
« se défient de leurs forces et songent
« d'avance au salut des petits qui leur
« sont confiés, et nous montrent en cela
« un des plus singuliers traits de pru-
« dence dont l'histoire des insectes nous
« fournisse l'exemple. Longtemps avant
« que le succès puisse être douteux,
« elles apportent leurs nymphes au de-
« hors de leurs souterrains, et les amon-
« cèlent à l'entrée du nid, du côté op-
« posé à celui d'où viennent les fourmis
« sanguines, afin de pouvoir les empor-
« ter plus aisément, si le *sort des armes*
« leur est contraire.

MADAME DERVILLE. — En effet, rien de plus remarquable que ce trait-là.

M. DERVILLE.— « Leurs jeunes femel-
« les prennent la fuite du même côté ;
« le danger approche, les sanguines
« se trouvant en force, se jettent au
« milieu des noires cendrées, les atta-
« quent sur tous les points et parvien-
« nent jusques sur le dôme de leur cité.
« Les noires cendrées, après une vive
« résistance, renoncent à la défendre,
« s'emparent des nymphes qu'elles
« avaient rassemblées hors de la four-
« milière et les emportent au loin. Les
« sanguines les poursuivent et cher-
« chent à leur ravir leur trésor. Toutes
« les noires cendrées sont en fuite ; ce-
« pendant on en voit quelques-unes se
« jeter avec un véritable dévouement au
« milieu des ennemis et pénétrer dans

« les souterrains, d'où elles enlèvent
« encore quelques larves pour les sous-
« traire au pillage. Les fourmis san-
« guines pénètrent dans l'intérieur,
« s'emparent de toutes les avenues et
« paraissent s'établir dans ce nid dé-
« vasté. De petites troupes arrivent alors
« de la fourmilière sanguine, et l'on
« commence à enlever ce qui reste de
« larves et de nymphes. »

Cécile. — Qu'est-ce que les sanguines en veulent faire, mon père?

M. Derville. — Leur nourriture,
leur pâture. « Il s'établit une chaîne
« continue d'une demeure à l'autre et la
« journée se passe de cette manière. La
« nuit arrive avant qu'on ait transporté
« tout le butin; un bon nombre de san-
« guines reste dans la cité prise d'as-
« saut, et le lendemain à l'aube du jour

« elles recommencent à transférer leur
« proie. Quand elles ont enlevé toutes
« les nymphes, elles se portent les unes
« les autres dans leur fourmilière jus-
« qu'à ce qu'il n'en reste plus qu'un
« petit nombre. »

AMÉDÉE. — Voilà qui est bien singulier ! Ce sont apparemment les moins
fatiguées qui transportent les autres.

M. DERVILLE. — C'est probable.
« Mais quelques couples vont en sens
« contraire, leur nombre augmente;
« une nouvelle résolution a sans doute
« été prise par ces insectes vraiment
« belliqueux ; un recrtement nombreux
« s'établit sur la fourmilière sanguine
« en faveur de la ville pillée, et celle-
« ci devient la cité sanguine. Tout y
« est transporté avec promptitude,

« larves, nymphes, mâles, femelles,
» auxiliaires et amazones; tout ce que
« renfermait la fourmilière sanguine est
« déposé dans l'habitation conquise, et
« les fourmis sanguines renoncent pour
« jamais à leur ancienne patrie. Elles
« s'établissent aux lieu et place des noi-
« res cendrées, et de là, entreprennent
« de nouvelles invasions. »

Amédée. —Mais pourquoi ce changement, mon père?

M. Derville. *en riant.* — Je pour-
rais te le dire, mon fils, si j'avais été
admis au conseil qui s'est tenu probablement avant que les sanguines aient
pris cette importante résolution; comme
il n'en a rien été, je me trouve réduit à
des conjectures et à croire qu'apparemment elles ont jugé la fourmilière des
noires-cendrées plus commode, plus

convenable que la leur. Quand nous étudierons sérieusement l'histoires des fourmis, nous trouverons chez elles, de même que chez les abeilles, des traits d'une intelligence faite pour surprendre ; nous les verrons toujours occupées de la prospérité et du bonheur de la république : soigner les nymphes, les porter au soleil par un beau jour, les rapporter dans la fourmilière si un orage semble s'annoncer ; aider les nymphes à se débarrasser de leur enveloppe ; soigner les morts ; les brosser avec leurs pattes, les lécher pendant plusieurs heures comme pour les rappeler à la vie ; nous les verrons aussi recueillir des troupeaux de pucerons, les apporter chaque soir dans la fourmilière, les reporter chaque matin sur les arbres où il trouvent leur nourriture ; elles ont l'industrie de construire des galeries de terre à l'abri desquelles elles peuvent, à toute heure, aller le long des branches de la fourmilière au *pâturage* des pucerons et les surveiller ; il en est même qui entourent d'une boule de terre le nid des pucerons le mieux fourni, afin de mettre obstacle à l'enlèvement de ce troupeau par d'autres fourmis.

AMÉDÉE. — Mon père, c'est pour les manger peu à peu qu'elles les gardent ainsi ?

CÉCILE. — Comment ? tu as donc oublié ce que nous avons lu dans le petit jardinier fleuriste (1), de cette liqueur sucrée que rendent les pucerons et qui est comme le lait dont les fourmis sont aussi friandes que nous du lait de nos vaches ?

(1) *Gustave, ou le Petit Jardinier fleuriste*, 1 vol. in-18.

AMÉDÉE. — Ah! c'est vrai, voilà que je m'en souviens à présent.

MADAME DERVILLE. — A propos de pucerons, je te prie, mon ami, de ne pas oublier que tu nous as promis de nous parler de la cochenille qui n'est, si je m'en souviens bien, autre chose qu'un puceron.

CÉCILE. — Ah! c'est vrai! Tu as promis aussi, mon petit père, de nous raconter l'histoire des mouches.

M. DERVILLE. — Eh! bien, laissez-moi me reposer un peu pendant que vous prendrez quelques notes, et nous achèverons ce soir ce que, pour le moment, je veux vous dire au sujet des insectes en général. »

CHAPITRE VI.

La cochenille. — Le kermès. — La cigale. — Le cousin. — Les mouches. — Les rhinaptères.

—

Cécile eut la première achevé de prendre des notes sur ce que M. Derville venait de raconter, et elle attendit impatiemment qu'Amédée, qui ne faisait rien fort vite, fût prêt, pour dire à son père : « Je ne sais pas du tout ce que c'est que la cochenille, et si maman ne te l'avait pas rappelé, mon père, j'aurais oublié que tu avais promis précédemment de nous en parler.

AMÉDÉE. — Comme tu as oublié, à ce que je vois, ce que nous avons lu un

jour, chez Eugène, de la *graine d'é-
carlate....*

CÉCILE. — Ah ! c'est vrai. Mais si
c'est de la graine, ce n'est pas un insecte....

M. DERVILLE. — On a cru longtemps
que la cochenille apportée en Europe
par la voie du commerce, et qui donne
la matière première pour la fabrication
du carmin et des teintures pourpre et
écarlate, était, en effet, de la graine
recueillie sur un arbrisseau inconnu.
On sait maintenant que c'est un insecte
fort singulier, et qu'il s'en trouve en
Europe quelques espèces qui ne valent
pas la cochenille fournie par le Mexique. Celle-là vit sur le nopal, commu-
nément appelé *raquette.*

CÉCILE. — Ah! je sais ce que c'est

c'est une plante grasse qui pousse sans tige, mais dont les feuilles sont comme plantées les unes sur les autres ; elle a des épines et des fleurs d'un rouge vif.

M. DERVILLE. — Les larves de la cochenille sont si petites, qu'on ne peut les découvrir sans le secours d'une loupe, et alors elles montrent une sorte d'activité fort différente de l'immobilité complète à laquelle elles se trouvent condamnées, du moment qu'elles ont acquis un certain accroissement. Armées d'un bec fort court, ces larves pompent le suc des jeunes pousses ; de temps en temps elles se fixent pour changer de peau ; puis, enfin, elles se fixent pour toujours, et s'entourent d'une espèce d'enveloppe composée de matière cotonneuse.

CÉCILE. — Mon père, elles n'ont donc point d'ailes?

M. DERVILLE. — Le mâle seul en possède quatre ; quant à la femelle, elle n'en a jamais. Sa forme courte et ramassée, son immobilité complète ont sans doute contribué à entretenir longtemps l'erreur qui a fait passer cet insecte pour une graine. Le moment de la ponte arrivé, chaque cochenille donne à peu près quatre mille œufs.

AMÉDÉE. — Quatre mille œufs ! un si petit insecte !

M. DERVILLE. — Quoique la taille plus ou moins petite ne soit pas ce qui règle la reproduction plus ou moins considérable des diverses espèces d'animaux, on peut dire cependant qu'en général plus l'insecte est petit, plus est

grand le nombre des œufs qu'il donne ;
je citerai pour exemple les différentes
familles des pucerons, auxquelles appartiennent les différentes espèces de
cochenille , et dont la fécondité est réel-
lement prodigieuse. Les œufs de la cochenille demeurent réunis sous elle ; les
deux membranes qui forment l'abdomen
se rapprochent , et enferment ainsi presque entièrement les œufs dans une es-
spèce de cavité. Bientôt la cochenille
meurt ; son corps se dessèche, sa peau
se durcit, et, sous cette enveloppe , les
œufs demeurent en sûreté ; c'est à l'abri
des restes de la mère que les œufs éclo-
ront, que les larves prendront le premier degré d'accroissement ; en sortant
de cette coque, elles seront en état de
pourvoir d'autant plus facilement à leurs
besoins, que la cochenille , quand elle se
fixe définitivement , choisit toujours

l'aisselle ou bifurcation des feuilles, **des** branches ; celles-ci poussent pendant **le** temps que les œufs mettent à éclore, et quand les jeunes larves quittent leur singulier berceau , elles trouvent du feuillage jeune comme elles.

MADAME DERVILLE. — Quelle variété dans les œuvres du Créateur, et quelle constante bonté, quelle prévoyance dans les divers instincts donnés aux diverses espèces !

AMÉDÉE.—Mais, mon père, comment a-t-on eu l'idée de se servir de la cochenille pour la teinture et pour la peinture aussi, puisqu'elle entre dans le carmin ?

M. DERVILLE. — Ce même *hasard*, qui enseigna aux Grecs le parti qu'on pouvait tirer du pourpre, enseigna de même aux Mexicains à faire usage de la cochenille pour teindre en rouge leurs étoffes de coton, et quand les Européens, qui ne voulaient que de l'or, eurent découvert dans la cochenille une nouvelle source de richesses, la culture de ces insectes précieux devint l'objet de leurs soins. Peu à peu on établit des nopaleries ; on imagina de *semer* la cochenille sur la plante qu'elle aime, et l'on arriva à un tel degré de perfection en ce genre, que maintenant la cochenille donne chaque année un revenu considérable et assuré.

CÉCILE. — Semer de la cochenille ! Mais comment peut-on s'y prendre pour la semer, mon père, puisque ce n'est pas une graine ?

M. DERVILLE. — Des œufs de cochenille sont de la graine de cochenille, comme tous les œufs d'oiseaux, de poissons, de reptiles, d'insectes sont en quelque sorte *la graine* de ces divers animaux. Ne le comprends-tu pas?

CÉCILE. — Ah! c'est vrai!

M. DERVILLE. — On les réunit, par huit ou dix, dans un petit nid formé d'une étoffe claire et ressemblant assez au canevas. On noue ensemble les quatre coins de cette étoffe, et l'on place chacun de ces nids factices à la base des feuilles ou des branches du nopal, tout-à-fait dépourvu de cochenille. Les jeunes larves sortent par les intervalles que les fils du nid laissent entre eux, et voilà de la graine de cochenille semée.

AMÉDÉE. — Alors, mon père, ce sont les corps des cochenilles mortes qu'on récolte pour en faire de la teinture?

M. Derville. — Non, pas du tout ; c'est la cochenille vivante. On en réserve un certain nombre *pour graine ;* le reste est enlevé au moyen d'un couteau bien tranchant qu'on passe légèrement de haut en bas, le long de la peau du nopal, en ayant soin de ne blesser ni la plante, ni l'insecte, et l'on reçoit dans la main les cochenilles qui tombent. Quand on en a réuni un certain nombre dans un panier, on les porte aux ateliers, où elles sont placées dans un tamis, retenu au fond d'une terrine ; on verse dessus de l'eau bouillante, en agitant, afin de détacher la terre qui pourrait être mêlée aux insectes, puis on étend ceux-ci au soleil, sur une table, pour les faire sécher, ce qui est l'affaire d'une journée.

Cécile — Pauvres petites bêtes !

11*

Ainsi, on leur coupe le bec, et on les faire cuire tout en vie!

MADAME DERVILLE. — Je suis bien certaine que maintenant Cécile ne portera pas un seul nœud de rubans ponceau, qu'elle aime tant, sans songer que, pour obtenir cette belle couleur, il a fallu *immoler* des milliers de cochenilles !

AMÉDÉE. — Et pourtant, maman, cela n'empêchera pas d'en porter ! Mon père, dans ce livre que j'ai vu chez Eugène, il était question de kermès, en même temps que de cochenilles.

M. DERVILLE. — Je viens de vous dire que l'on compte plusieurs espèces de ces insectes. De même que la cochenille du Mexique, le kermès fournit la matière première de la couleur rouge,

tandis que toutes les autres cochenilles
sont, sous ce rapport, tout-à-fait inutiles.
Le kermès de Pologne a été recherché
aussi longtemps que la cochenille du
Mexique est demeurée rare ; mais aujourd'hui il est sans valeur.

CÉCILE.—Ah ! pendant que j'y pense !
Mon père, Marguerite a entendu, hier
soir, chanter des cigales. J'en voudrais
bien voir, des cigales qui chantent tout
l'été, comme dit Lafontaine. C'est un
insecte, n'est-ce pas ?

M. DERVILLE. — Certainement, et un
insecte intéressant à observer, surtout
pour les organes qui servent à la pro-
duction de ce prétendu chant beaucoup
trop exalté par les poëtes, car il est
en lui-même assez peu remarquable et
assez monotone.

CÉCILE.—Je voudrais bien l'entendre, pourtant !

M. DERVILLE. —J'en ai entendu dans le jardin.

CÉCILE. — Alors je pourrai voir aussi des cigales !

M. DERVILLE. —Tu verras un animal qui n'est pas beau du tout, soit à l'état de larve, soit à l'état parfait ; mais du moins la cigale concourt à débarrasser les arbres de leur branches mortes.

CÉCILE. — Ah ! et comment cela, mon père !

M. DERVILLE. — Cependant les jardiniers la poursuivent avec autant d'acharnement que les vers blancs, dans les pays méridionaux où elle abonde.

tandis que, dans nos contrées plus tempérées, elle est assez rare.

CÉCILE. — Comment! est-ce qu'elle fait du mal aux jardiniers?

M. DERVILLE. — Non pas aux jardiniers, mais aux racines des arbres dont elle se nourrit; ce qui paraît fort singulier quand on sait qu'elle dépose ses œufs à leur cime.

MADAME DERVILLE. — Voici un genre d'instinct tout-à-fait contraire à ce que nous avons vu jusqu'ici. Ordinairement les femelles des insectes placent leurs œufs de façon à ce que les vers ou les larves trouvent sans peine de la nourriture.

M. DERVILLE. — La cigale n'a pas été moins bien partagée sous ce rapport que les autres animaux ; mais son industrie est différente. Quoiqu'on la connaisse mieux dans sa constitutoin physique qu'au *moral*, on sait cependant d'une manière certaine qu'au moment de la ponte, elle perce les petites branches de bois mort avec la tarière dont elle est munie, et qu'elle dirige dans le sens de la moelle. Ses œufs sont disposés les uns au-dessus des autres dans cette ouverture, puis elle repousse, réunit les fibres du bois qu'elle a écartées sans les couper, et elle recommence un peu plus loin : rien ne trahirait l'existence du nid, si ce travail et la réunion des œufs ne formaient une petite élévation sur la branche.

Amédée. — Mais, mon père, les larves, dès qu'elles éclosent, sont obligées de faire un long voyage pour descendre

le long de l'arbre et pour aller chercher
les racines.

M. DERVILLE. — Les vents, les tempêtes débarrassent la cime des arbres
de leur bois mort ; les menues branches
surtout sont facilement détachées ; elles
jonchent la terre à peu de distance des
racines même. En sortant de l'œuf, les
larves s'enfoncent dans le sol et travaillent les racines comme leur mère a travaillé les branches ; mais, cette fois, c'est
pour s'en nourrir. A l'époque de la métamorphose, les larves, devenues nymphes, sortent de terre, se cramponnent
au tronc de l'arbre qui les a vues naître,
qui les a nourries, et deviennent insectes parfaits ; enfin, elles prennent les
ailes qui les porteront à sa cime pour y
déposer une génération nouvelle.

CÉCILE. — Je ne me serais pas douté

que les vents et les tempêtes pussent
servir à quelque chose de bon en ce
monde.

M. Derville. — Si les vents et les
tempêtes détruisent par milliers les animaux, les plantes, les insectes, ils transportent aussi par milliers les graines,
les insectes dans les contrées les plus
éloignées, et ainsi s'ensemencent, ainsi
se peuplent des terres jusqu'alors stéri-
les et désertes. Entre les mains du maître de tout, mes enfants, tout est puissance, force, grandeur, sagesse, prévoyance et utilité; cependant, notre
chétive intelligence ose trop souvent en
douter.

Amédée. — Mon père, et le chant des
cigales ?

M. Derville. — Le mâle seul a reçu les

organes nécessaires à cette espèce de
chant assez monotone, je viens de vous
le dire, et quelquefois assez fort pour
donner mal à la tête à ceux qui l'en-
tendent, bon gré malgré ; la femelle est
muette. Au-dessous des pattes posté-
rieures sont deux plaques presque ron-
des recouvrant deux cavités qui offrent
dans le fond une surface polie, comme
irisée : ce qui leur a valu le nom de
miroir. C'est là qu'on trouve une membrane plissée en forme de timballe, et au-
dessus deux muscles composés d'un nombre prodigieux de fibres droites ; ces
fibres se terminent par une plaque d'où
partent plusieurs filets qui s'attachent
à la surface concave de la timballe. Les
muscles, en se contractant et en se
relâchant successivement, rendent con-
vexe, puis concave, la timballe qui
produit alors l'effet d'un morceau de

papier chiffonné qu'on ouvrirait et qu'on fermerait sans précaution, mais avec une certaine régularité de mouvement, et la cigale mâle *chante* alors, dit-on.

Amédée. — Je comprends. Le bruit produit par les mouvements de cette membrane, qui se déplisse et se replisse, est répété comme par un écho dans les deux cavités, n'est-ce pas, mon père ?

M. Derville. — C'est très-probable.

Cécile. — Et il est plus ou moins fort, suivant que la cigale mâle fait aller plus ou moins vite sa timballe.... Oh! que je suis contente de comprendre aussi, moi! Mais alors, mon père, il ne faut pas dire que la cigale chante; il faut dire qu'elle donne de la timballe.

Oui, c'est un timballier et non pas un chanteur. Ce que c'est pourtant, que de regarder les choses de près !

M. DERVILLE. — C'est en regardant les choses de près, ainsi que tu viens de le dire, que Réaumur a découvert l'instrument dont se sert la cigale et celui dont se sert le papillon tête de mort, le seul qui fasse entendre un bruit tout-à-fait singulier en volant ; bruit que les gens superstitieux appellent *la trompette de la mort*. Mais je ne vous en parlerai pas ce soir. Je compte vous faire étudier les lépidoptères d'une manière toute particulière, et par le secours des chenilles que nous recueillerons, que nous éleverons avec soin, et dont nous garderons les chrysalides ; ce sera pour le printemps prochain. Cette année, vous ê t trop étourdis encore pour qu'il soit possible de s'en reposer sur vous des soins à donner aux chenilles et aux vers à soie, et moi je suis trop occupé, ainsi que votre mère, de notre établissement ici pour avoir du temps de reste.

CÉCILE. — Ainsi, mon père, l'année prochaine, tu nous permettras d'avoir à nous des chenilles et des vers à soie ! oh ! quel bonheur !

AMÉDÉE. — Laisse donc mon père nous parler des mouches, ainsi qu'il nous l'a promis ; la soirée avance, et tu sais que nous devons en finir aujourd'hui avec les insectes.

CÉCILE. — Ah ! c'est vrai. Mais les mouches, cela ne m'intéresse guères !

MADAME DERVILLE. — Je n'en dis pas autant, ma fille. Aucun animal ne m'est à présent indifférent; et jusqu'au plus petit insecte me paraît digne d'attention, surtout quand je songe qu'il n'a pas paru indigne à l'auteur de l'univers d'obtenir les avantages d'une riche parure, d'armes offensives et défensives, et d'un instinct, d'une intelligence dont nous admirons les résultats en oubliant trop souvent de remonter à la source véritable d'où ils émanent.

CÉCILE. — C'est vrai, maman, et je ne suis qu'une étourdie.

M. DERVILLE. — Il ne suffit pas de le proclamer hautement, ma fille, il faut tâcher de te corriger d'un défaut qui peut te jeter dans plus d'un embarras. Quand une fois tu auras vu une petite partie de ce que je ne fais aujourd'hui que raconter d'une manière bien abrégée, je suis certain que tu prendras intérêt à une foule d'êtres et de choses qui t'inspirent une sorte de dédain. Alors, quand nous recueillerons sur les eaux stagnantes quelque débri de feuilles couvertes d'œufs de cousins, par exemple, au lieu de détourner les yeux et de dire qu'il vaut mieux détruire d'un coup et par centaine cette *graine* d'insecte malfaisant, tu suivras avec plus d'intérêt chaque jour, dans le verre d'eau où nous aurons placé notre trouvaille, la sortie des larves de ces petits œufs ; tu voudras les surprendre pendant les trois ou quatre changements de peau auxquels elles sont soumises dans l'espace de quinze jours ; tu verras ces larves monter à la surface de l'eau, s'y tenir d'abord allongées, puis enfoncer leur tête et leur queue sous l'eau et reparaître dépouillées de leur dernière peau et transformées en nymphe ; mais en nymphes agissantes et mangeantes cette fois, contrairement à une foule d'autres nymphes dont tu as déjà pu faire légèrement connaissance par mes récits. Viendra enfin le moment de la complète métamorphose. Alors, tu verras la nymphe revenir tout entière à la surface de l'eau; s'y tenir dans une position horizontale, en élevant un peu sa grosse tête et le corselet; presqu'aussitôt s'ouvrira, sur le corselet, l'enveloppe de nymphe qui tient le cousin plus étroitement serré qu'un maillot, et à l'instant même, pour ainsi dire, la tête et le corselet de l'insecte parfait se montreront. Le plus difficile n'est pas fait; il faut dégager le reste du corps; il faut dépouiller la queue de la nymphe qui retient captives les pattes, les ailes, les balanciers, l'extrémité du corps armée de ce dard si redouté et si admirable dans sa structure.... C'est ce que nous verrons un de ces jours en nous servant d'une bonne loupe. Revenons aux mouches. Quelque peu intéressantes que tu les juges, elles tiennent cependant une place assez remarquable dans l'entomologie, car leur famille nombreuse présente plus de deux mille petits groupes.

AMÉDÉE. — Vois-tu, Cécile ! les savants n'ont pas fait comme toi ; il ne les ont pas dédaignées !

M. DERVILLE. — Sans les dédaigner, nous nous bornerons à dire quelques mots de la mouche commune ; il n'est pas mal de faire connaissance avec une espèce dans la société de laquelle nous vivons très-familièrement et qui se mêle de nos affaires un peu plus que nous ne le voudrions.

CÉCILE. — Oh ! certainement !

M. DERVILLE. — Ensuite nous dirons un mot aussi des rhinaptères qui viennent après les diptères, et la semaine prochaine nous commencerons à nous occuper des animaux-plantes, ce qui nous conduira l'autre semaine, tout naturellement, aux véritables plantes.

CÉCILE. — Les animaux-plantes ! Comment, mon père, il y a des plantes qui vivent, qui marchent !

M. DERVILLE. — Les plantes vivent d'une existence qui leur est particulière, et qu'on appelle *végétation ;* mais depuis un siècle à peu près, les savants ont découvert que certaines plantes forment une classe d'êtres animés, très-singuliers, qui tiennent de la plante par leurs apparences, de l'animal par

leur constitution et surtout par leur industrie et leurs travaux pour se procurer de la nourriture... Nous verrons cela
la semaine prochaine. Revenons aux
mouches; à ces mouches dont nous nous
plaignons parfois si amèrement et qui
ont été répandues abondamment sur la
terre pour aider les oiseaux et les quadrupèdes à faire disparaître les restes
des animaux morts, ainsi que déjà je
vous l'ai dit, et tout ce qui pourrait contribuer à infecter l'air. Il en fallait des
millions, vous le comprenez aisément,
mes enfants, pour accomplir une si
grande tâche; et chaque année elles se
reproduisent par millions. Toutes sont
soumises à une complète métamorphose.
La mouche qui dépose ses œufs sur le
fromage a été, avant que de devenir
mouche, une larve sautante et très-agile;
celle de la mouche domestique est fort

paisible au contraire. Quand approche pour elle l'époque de la métamorphose, sa peau se durcit, devient écailleuse et forme une espèce de coque dans laquelle elle passe toute la mauvaise saison ; elle n'en sort qu'au printemps, munie seulement de mognons d'ailes ; mais ces mognons se développent assez promptement pour la mettre bientôt en état de voler.

AMÉDÉE. — Ce que je ne conçois pas, c'est que tant d'espèces d'animaux puissent rester ainsi des mois entiers sans manger !

CÉCILE. — Oh ! j'étais bien sure que mon frère finirait par dire cela, lui qui se croit bien malade quand il ne peut faire ses quatre repas !

M. DERVILLE. — Les plantes dor-

ment aussi de cette espèce de léthargie
nécessaire à leur développement, et au
printemps tout se réveille, tout s'anime,
tout reprend ou acquiert une nouvelle
vie. L'homme seul, qui ne peut sup-
porter que pendant un temps déterminé,
la privation de toute nourriture, vit,
agit et pense dans toutes les saisons de
l'année, et, seul aussi, nous l'avons déjà
remarqué, il transmet à ses descendants
les développements que le travail, l'étude
amène dans son intelligence. Les races
humaines se perfectionnent donc, tandis que les animaux qui peuvent se
perfectionner jusqu'à un certain point
par les soins que l'homme leur donne,
restent au fond toujours les mêmes. Ce
que le moucheron, ce que le mouton à
l'état sauvage ont fait depuis que le
monde existe, ils le feront jusqu'à ce que
le monde finisse ; et si le cheval, le chien

acquièrent entre les mains de l'homme, sous le rapport de l'intelligence, leurs acquisitions sont perdues pour leurs descendants. Ceci seul, mes enfants, suffirait à prouver la supériorité de l'homme sur tous les êtres de la création, si la faculté de sentir, d'aimer, de se soumettre à la loi du devoir, quelque sévère qu'elle puisse lui paraître, et si le sentiment religieux ne suffisaient pas à montrer la supériorité réelle accordée par le Créateur à celui que la science prétend vainement réduire à la simple animalité ; il possède, de plus que l'animal proprement dit, un principe de vie à part, une âme source féconde de vraie grandeur et de véritable puissance.

AMÉDÉE. — Je suis bien aise d'entendre cela, mon père ; car nous avons à la pension des jeunes gens qui prétendent que l'homme n'est que d'un degré au-dessus du singe, parce qu'il sait parler, voilà toute la différence.

M. DERVILLE. — L'intelligent et hideux orang-outang, surnommé pongo ou bien homme des bois, a reçu les organes nécessaires à la parole ; et pourtant il ne parle pas ; et il ne peut apprendre à parler, lui qui est capable d'apprendre tant d'autres choses ; lui dont le cerveau est de la même forme et dans les mêmes proportions que le nôtre !

AMÉDÉE. — Alors, mon père, ce que j'ai entendu dire est donc vrai, que le singe est un homme dégénéré ?

M. DERVILLE. — Mon fils, l'homme qui s'abandonne à ses passions, peut

dégénérer au moral, au physique même,
il peut se réduire à l'état de brute ;
mais ses descendants ne deviendront
pas pour cela des singes, ni au moral,
ni au physique ; ils apporteront en
naissant ce qui distingue surtout l'homme, la forme extérieure et une âme
plus ou moins développée, à laquelle
l'éducation pourra rendre quelques-
unes au moins de ses facultés. Ce sera
l'éducation encore qui achèvera de ré-
veiller, dans les descendants des descendants de l'homme dégénéré, les
autres facultés de l'âme, de l'intelligence, et l'arrière-petit-fils de l'homme
dégénéré, redeviendra homme dans
toute la noble acception du mot.

AMÉDÉE. — Je dirai cela à Théodore
qui se prétend très-savant, et qui veut

absolument que l'homme ne soit qu'un animal.

Cécile. — Mon père, est-ce que tu n'as plus rien à nous dire au sujet des insectes ?

M. Derville. — J'oserais à peine parler devant toi, ma fille, des aptères ou rhinaptères, ou suceurs.

Cécile. — Les suceurs !...

Amédée. — Les puces, les...

Cécile. — Ah ! fi !

Madame Derville. — Encore du dédain !

Cécile. — Non, maman. Mais c'est qu'en vérité....

M. DERVILLE. — En vérité, si j'étais à ta place, j'éprouverais quelque curiosité au sujet de notre *démon familier*.

CÉCILE. — Oh! très-familier et très-insupportable !

M. DERVILLE. — Je voudrais savoir comment naît et se développe un petit animal doué d'assez de courage pour n'être point épouvanté du bruit d'un petit canon auquel on est parvenu à l'atteler, qu'on charge de poudre, et qu'on fait partir derrière lui. Voilà ce qu'on obtient de la puce apprivoisée, qui ne donne pas le moindre signe d'effroi.

CÉCILE. — Est-il possible qu'on ait eu une invention pareille !

MADAME DERVILLE. — J'ai vu, dans

mon jeune temps, un petit chariot en
ivoire sur lequel était placé un éléphant
proportionné au chariot, et que deux
puces traînaient de bon accord.

CÉCILE. — Oh ! que j'aurais voulu le
voir aussi, moi ! Mais, maman, elles le
traînaient en sautant , car les puces ne
marchent pas.

M. DERVILLE. — Elles marchent en se
servant même de leurs longues pattes de
derrière qui font l'effet d'un ressort
quand elles veulent sauter, et à l'aide
desquelles elles s'élancent assez haut. Ce
n'est pas sans peine qu'on est parvenu
à observer quelques-unes des larves à
leur sortie des œufs que la puce pond
par douzaines. Les puces sont douées
d'assez d'instinct et de finesse pour placer leur postérité à l'abri d'une partie

des dangers qui la menacent. De même
que le hanneton, la puce ne se colore
que quelque temps après sa complète
métamorphose ; mais aussitôt débarras-
sée de son enveloppe de nymphe , elle
se montre aussi agile que père et mère,
et aussi avide du sang qui fait sa seule
nourriture.

CÉCILE. — Oh ! elle pique bien !

M. DERVILLE. — Je veux t'en faire
voir une au microscope, et te faire admirer sa trompe aiguë, cannelée, légèrement recourbée et la cuirasse dont sa
poitrine est recouverte. Sa tête a beaucoup de ressemblance avec celle de la
sauterelle. Au-dessus de ses yeux noirs
et brillants, s'élèvent deux antennes ;
ses pattes , hérissées d'épines, sont
armées de deux crochets recourbés vers

en haut afin qu'elle puisse s'en servir pour s'attacher au poil des animaux velus dans lequel elle court avec une grande rapidité ; enfin le dos est protégé par six écailles dures et fermes, par des épines et par des poils.

CÉCILE. — Ah ! cela fait frémir quand on pense qu'un monstre de ce genre vous court sur la peau !

MADAME DERVILLE. — Je ne m'étonne pas qu'il soit si difficile de tuer un animal ainsi cuirassé !

M. DERVILLE. — Et il devait être *ainsi cuirassé*, pour que l'espèce entière ne pérît pas sous la dent des divers animaux que la puce attaque avec audace. A propos d'elle, je répéterai ce que tant de fois, déjà, j'ai dit à nos enfants, parce que c'est une vérité dont il importe de les bien pénétrer, c'est que tout ce qui respire a reçu du Créateur des moyens de défense, des armes pour l'attaque, et l'instinct nécessaire à la conservation de son existence, dans le milieu où chaque animal géant ou pygmée, était appelé à vivre. »

FIN.

TABLE

DES CHAPITRES.

—

FIN DE LA TABLE.

www.ingramcontent.com/pod-product-compliance
Lightning Source LLC
LaVergne TN
LVHW021436170726
843501LV00005B/1355